O tapete de Penélope

WALTER A. BOEGER

O tapete de Penélope:

o relacionamento entre as espécies e a evolução orgânica

COLEÇÃO PARADIDÁTICOS

SÉRIE EVOLUÇÃO

Direitos de publicação reservados à:

Fundação Editora da UNESP (FEU)
Praça da Sé, 108
01001-900 – São Paulo – SP
Tel.: (0xx11) 3242-7171
Fax: (0xx11) 3242-7172
www.editoraunesp.com.br
feu@editora.unesp.br

CIP – Brasil. Catalogação na fonte
Sindicato Nacional dos Editores de Livros, RJ

B655t

Boeger, Walter A.
O tapete de Penélope: o relacionamento entre as espécies e a evolução orgânica/Walter A. Boeger. – São Paulo: Editora UNESP, 2009.
il. – (Paradidáticos. Série Evolução)

Contém glossário
Inclui bibliografia
ISBN 978-85-7139-891-7

1. Evolução (Biologia). 2. Evolução humana. 3. Espécies. 4. Associação interespecífica. 5. Interação entre espécies. 6. Inovações tecnológicas. I. Título. II. Título: O relacionamento entre as espécies e a evolução orgânica. III. Série.

08-4874. CDD: 576.8
CDU: 575.8

Editora afiliada:

Asociación de Editoriales Universitarias de América Latina y el Caribe

Associação Brasileira de Editoras Universitárias

A COLEÇÃO PARADIDÁTICOS UNESP

A Coleção Paradidáticos foi delineada pela Editora UNESP com o objetivo de tornar acessíveis a um amplo público obras sobre *ciência* e *cultura*, produzidas por destacados pesquisadores do meio acadêmico brasileiro.

Os autores da Coleção aceitaram o desafio de tratar de conceitos e questões de grande complexidade presentes no debate científico e cultural de nosso tempo, valendo-se de abordagens rigorosas dos temas focalizados e, ao mesmo tempo, sempre buscando uma linguagem objetiva e despretensiosa.

Na parte final de cada volume, o leitor tem à sua disposição um *Glossário*, um conjunto de *Sugestões de leitura* e algumas *Questões para reflexão e debate*.

O *Glossário* não ambiciona a exaustividade nem pretende substituir o caminho pessoal que todo leitor arguto e criativo percorre, ao dirigir-se a dicionários, enciclopédias, *sites* da internet e tantas outras fontes, no intuito de expandir os sentidos da leitura que se propõe. O tópico, na realidade, procura explicitar com maior detalhe aqueles conceitos, acepções e dados contextuais valorizados pelos próprios autores de cada obra.

As *Sugestões de leitura* apresentam-se como um complemento das notas bibliográficas disseminadas ao longo do texto, correspondendo a um convite, por parte dos autores, para que o leitor aprofunde cada vez mais seus conhecimentos sobre os temas tratados, segundo uma perspectiva seletiva do que há de mais relevante sobre um dado assunto.

As *Questões para reflexão e debate* pretendem provocar intelectualmente o leitor e auxiliá-lo no processo de avaliação da leitura realizada, na sistematização das informações absorvidas e na ampliação de seus horizontes. Isso, tanto para o contexto de leitura individual quanto para as situações de socialização da leitura, como aquelas realizadas no ambiente escolar.

A Coleção pretende, assim, criar condições propícias para a iniciação dos leitores em temas científicos e culturais significativos e para que tenham acesso irrestrito a conhecimentos socialmente relevantes e pertinentes, capazes de motivar as novas gerações para a pesquisa.

SUMÁRIO

INTRODUÇÃO

Penélope, mulher de Ulisses no clássico grego *Odisseia*, de Homero, durante a ausência de seu marido, teceu um tapete que, quando terminado, era desmanchado e tecido mais uma vez. Assim ela teceu e teceu até o retorno de seu amado. Em cada tapete tecido, os fios certamente se intercruzavam de formas diferentes cada vez que eram incluídos no tecido; de outro lado, novos fios deveriam substituir fios antigos. Neste, como em outros tapetes ou tecidos, fios se entrelaçavam diretamente enquanto outros se entrelaçavam indiretamente, através de fios intermediários. Esse entrelaçar de fios, ou linhas, simboliza bem o entendimento atual sobre a dinâmica do processo evolutivo na face da Terra. Os fios são linhagens evolutivas que se entrelaçam com as linhagens vizinhas de forma direta ou indireta, em intensidades variáveis.

Neste livro espero poder demonstrar como os diferentes níveis de relacionamentos e associações[1] interespecífi-

1 Os termos associação e relacionamento são empregados neste livro como sinônimos, apesar de existir uma tendência a se considerar que relacionamento é um termo mais abrangente que envolve associações (relacionamentos mais íntimos).

cos podem ser moldados pelo processo evolutivo e mesmo influenciar intensamente a evolução da biota terrestre (o conjunto de espécies que habitam o planeta). Ao final dessa argumentação, espero ter auxiliado o leitor a alcançar a inevitável conclusão de que o ser humano é apenas mais um componente de um sistema biológico altamente integrado, submetido aos mesmos processos aos quais toda a vida está submetida. Essa compreensão é imprescindível para o entendimento da posição da espécie humana no sistema biológico, de como o desenvolvimento tecnológico vem alterando as associações desse sistema e o próprio destino de nossa espécie e do ambiente no qual vivemos.

■

1 Bases e ferramentas de trabalho

Independentemente das críticas que possam existir para as diferentes hipóteses sobre a forma pela qual a evolução ocorre, a evolução em si, como um processo histórico, é de difícil contestação. Há um grande número de evidências lastreando a ideia de que o sistema biológico deste planeta foi e está submetido a mudanças temporais. Tais mudanças, sejam elas quais forem (por exemplo, morfologia, comportamento, fisiologia), podem ser constatadas pelo registro fóssil, por observação direta dos organismos existentes ou, indiretamente, pela construção de hipóteses sobre o relacionamento evolutivo entre espécies. A maneira pela qual o processo de evolução se desdobra tem sido objeto constante de estudos, produzindo hipóteses de variável sustentação científica.

Para que as informações e as argumentações apresentadas nos capítulos que se seguem sejam mais facilmente compreendidas, o texto a seguir oferece subsídios para que possamos compreender, de forma mais simples, o processo de evolução. Muito do que é apresentado a seguir foi elaborado com base nas ideias de Brooks e Wiley (1988), em seu livro *Evolution as entropy* [Evolução como entropia].

Evolução é uma característica intrínseca do sistema biológico. Evoluir é estar vivo, e o processo está diretamente relacionado à reprodução. A evolução ocorre mediante o aparecimento de *novidades evolutivas* (p.ex.: por mutações da molécula de DNA, por associações), que são moduladas pelo processo de *seleção natural*. Assim, uma novidade pode ser *negativa*, causando a morte dos organismos que a expressam fenotipicamente ou sua eliminação gradativa em uma população (seleção negativa); *neutra*, quando sua presença não parece oferecer "vantagens" ou "desvantagens" aos portadores (seleção neutra); e *positivas*, se elas conferem "superioridade" competitiva a seu portador (seleção positiva).

Há anos tenho tentado explicar como o processo evolutivo ocorre mediante a analogia com um grande quarto que contém um enorme número de portas. Essas portas representariam passos evolutivos pelos quais uma expressão temporal de uma linhagem evolutiva (isto é, uma espécie) pode proceder. Ao "passar" por uma porta, a linhagem, agora modificada, entra em um novo quarto, com mais portas. Dependendo do *entorno* (hábitat, associações com outras espécies), da origem do processo de seleção natural e das características biológicas da espécie (por exemplo, fisiologia, morfologia, comportamento), algumas portas (isto é, caminhos evolutivos) podem estar trancadas, entreabertas ou completamente abertas. Nem todas as mudanças são igualmente possíveis, e, portanto, os caminhos evolutivos de uma espécie são poucos, considerando o universo de caminhos possíveis.

Por exemplo, a colonização do ambiente terrestre por organismos originalmente aquáticos, como os crustáceos decápodes (ou seja, o grupo que inclui camarões, siris e caranguejos), não foi possível até que um conjunto de características morfológicas e fisiológicas se acumulassem em uma linhagem de maneira a permitir, entre outras coisas, a sustentação dos filamentos branquiais fora da água e sua proteção contra a dessecação. Não há trocas gasosas se a superfície de trocas estiver seca ou se os filamentos colapsarem. Até que essas mudanças se acumulassem, as "portas" que levariam ao ambiente terrestre encontravam-se fechadas.

Na linhagem dos caranguejos, os filamentos branquiais encontram-se protegidos dentro de uma câmara do cefalotórax, que apresenta uma abertura reduzida ao meio externo. Essa configuração morfológica, no meio aquático, aparentemente protege os filamentos branquiais da ação de predadores, mas é, também, eficiente na manutenção de um ambiente úmido ao redor das brânquias, evitando sua dessecação e mantendo sua capacidade de realizar trocas gasosas em ambientes aéreos. Essa arquitetura morfológica permitiu, desse modo, que espécies dessa linhagem sobrevivessem fora de seu meio ambiente original, a água. As portas para a colonização do ambiente terrestre foram, enfim, abertas para essa linhagem.

Na realidade, em decorrência de outras características inerentes da linhagem, essa porta nunca se abriu completamente. Diversas espécies de caranguejos são encontradas em ambientes terrestres ao longo de todo o ano, mas talvez o mais conhecido na região Nordeste brasileira seja o "guaiamum". Fêmeas de guaiamum (ou "patas-chocas") realizam a regionalmente famosa "corrida", que ocorre durante o verão para liberar as formas larvais no mar, onde elas se desenvolvem. Assim, a colonização do ambiente terrestre, nesse caso, nunca se deu de forma plena e os "guaiamuns" ainda necessitam retornar ao mar para completar seu ciclo vital.

Assim, a compreensão de como mudanças evolutivas podem afetar uma determinada linhagem biológica depende de como as propriedades dessa linhagem desenvolveram-se ao longo de sua história. Comportamento, fisiologia, morfologia, hábitat, nicho ecológico, relacionamentos com outras espécies e outras características específicas foram definidas historicamente e, portanto, a história de uma linhagem influencia os caminhos evolutivos (ou portas) pelas quais a linhagem pode proceder.

Outro conceito importante para a melhor compreensão de mudanças históricas de uma linhagem evolutiva (= evolução) é a *troca compensatória*. Esse conceito assume que qualquer novidade evolutiva para ter continuidade deve, de alguma forma, ser compensada pelo sistema biológico (como morfologia, fisiologia, comportamento) da linhagem onde esta surgir. Por exemplo, acredita-se que a perda do trato digestivo do ancestral dos cestóides (tênias ou solitárias) só pôde ser fixada – e, assim, permitir a continuidade ou a sobrevivência dessa linha evolutiva tão rica em espécies – porque esse ancestral habitava um local rico em nutrientes já digeridos (o trato digestivo de hospedeiros vertebrados) e porque ele já apresentava a capacidade de realizar a absorção de moléculas relativamente grandes pela superfície corporal (absorção de compostos alimentares). Uma análise simplista sugere que a função de digestão e de absorção de substâncias alimentícias realizadas pelo sistema digestivo perdido foi *compensada* (daí o nome *troca compensatória*) pela absorção direta de compostos nutritivos já processados (digeridos) pelo hospedeiro diretamente pela superfície corporal.

Vejam que, apesar do termo sugerir que a espécie possa compensar ativamente uma alteração em sua estrutura biológica, não é dessa forma que devemos compreender o processo. Se isso fosse verdade, a frase "O ancestral dos cestóides compensou a perda do trato digestivo pelo desenvolvimento de estruturas que lhe permitiram absorver o alimento já digerido, presente no intestino de seu hospedeiro vertebrado, diretamente pela superfície corporal" (ou frases semelhantes) faria sentido e estaria correta. Ela não está! É correto, neste caso, afirmar que "Devido ao fato de o ancestral dos cestóides já ter a capacidade de absorver alimentos digeridos pela superfície corporal e habitar um órgão de seu hospedeiro no qual as moléculas de alimentos já se encontravam digeridas, ele pôde perder o trato digestivo!". De fato, a absorção pela superfície corporal e a utilização do intestino de animais vertebrados como hábitat são comuns nos grupos filogeneticamente próximos aos cestóides (como as fascíolas), sugerindo que a "porta" representando a perda do trato digestivo para as espécies do grupo já se encontrava aberta. Isso, todavia, só ocorreu nos cestóides.

Considerando a discussão anterior, fica claro que, de um número incomensurável de possíveis mudanças evolutivas, existe uma gradação no potencial dessas mudanças serem fixadas e esse é relacionado diretamente à interação entre o processo de seleção natural e a história da linhagem do organismo em questão. Muitas mudanças são impossíveis de acontecer, pois levam a linhagem que as adquire à extinção. A evolução, portanto, não é ao acaso! Entretanto, também não tem um "objetivo" ou uma meta, como alguns de nós, seres humanos, egocentricamente gostaríamos de pensar. A evolução, assim, é um processo que tem um direcionamento geral, que depende do que aconteceu antes na história da linhagem e como isso influencia o que pode acontecer depois.

Uma das áreas mais ativas do estudo do processo de evolução busca reconstruir a associação histórica entre espécies por meio de métodos explícitos e replicáveis. A escola de estudos envolvida nessa atividade é conhecida como Sistemática Filogenética ou Cladismo. Basicamente, a metodologia utilizada por essa escola busca detectar caracteres (morfológicos, comportamentais, moleculares) que sejam compartilhados entre espécies em virtude da herança de um ancestral comum. O produto final é um esquema denominado cladograma, também chamado de árvore filogenética (Figura 1).

Um cladograma é um conjunto de hipóteses sobre a proximidade filogenética das espécies estudadas, baseadas no compartilhamento hipotético de ancestrais. O cladograma deve sempre ser "lido" de baixo para cima, do mais antigo para o mais recente. As linhas representam espécies, linhas entre bifurcações representam espécies ancestrais hipotéticas e bifurcações representam eventos de especiação (eventos de formação de novas espécies).

Assim, a leitura do cladograma da Figura 1 é feita da seguinte forma: O ancestral comum das espécies A-H sofreu um evento de especiação no passado, originando a Espécie A e a espécie ancestral de B-H. Por sua vez, essa espécie também especiou (divergiu), dando origem ao ancestral hipotético da espécie B e C, e o ancestral de D-H. E assim por diante. Assim, a leitura do cladograma nos informa, por exemplo, que F e G são espécies mais próximas entre si do que qualquer uma das duas é de H; F e G compartilham um ancestral exclusivo.

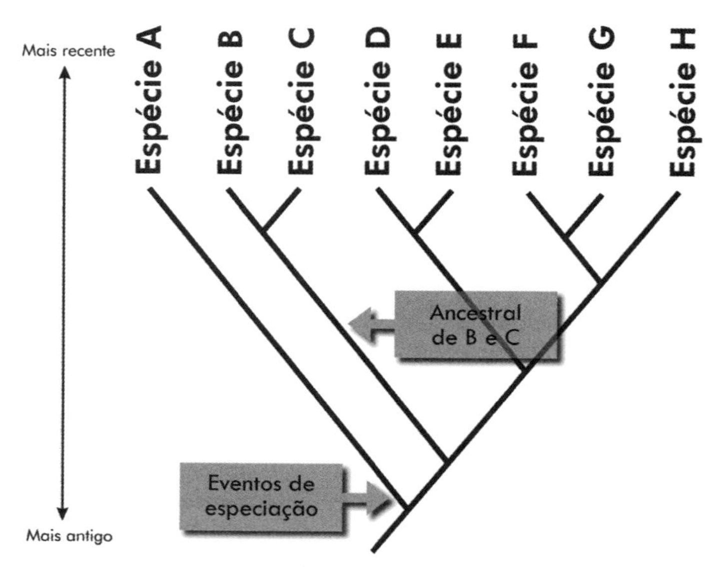

FIGURA 1. CLADOGRAMA OU ÁRVORE FILOGENÉTICA QUE DENOTA O RELACIONAMENTO EVOLUTIVO ENTRE ESPÉCIES.

QUADRO 1
ALGUMAS CONCLUSÕES
SOBRE O PROCESSO DE EVOLUÇÃO

1. A evolução é uma característica inerente do sistema biológico.
2. A evolução ocorre por intermédio de novidades evolutivas moduladas pelo processo de seleção natural.
3. O processo de seleção natural depende do entorno e das mudanças evolutivas acumuladas ao longo da história dos organismos, e, portanto, nem todas as mudanças evolutivas possíveis são realizáveis.
4. A evolução de determinado grupo, portanto, ocorre em um espaço multidimensionalmente limitado.

■

2 Espécie e a mão morta do passado

A discussão e a escolha do conceito mais "adequado" para caracterizar espécie é um dos assuntos mais polêmicos na Biologia. Nenhum conceito é universalmente aceito, e, mesmo os mais atraentes, apresentam suas falhas. Dentre os diferentes pontos de discordância entre especialistas está o caráter inevitavelmente temporário dessa unidade evolutiva. Como vimos no capítulo anterior, a evolução é um processo temporal inerente do sistema biológico. Consequentemente, considerada uma das unidades do processo de evolução, as espécies mudam ao longo do tempo.

Ideias de isolamento e manutenção de identidade de espécies também são mais dinâmicas do que podemos imaginar. O que é uma espécie hoje, por qualquer que seja o conceito, pode facilmente deixar de sê-lo ou sofrer mudanças evolutivas em sua morfologia, fisiologia, comportamento, ou de qualquer uma de suas características, em curto, médio ou longo prazo. Uma espécie pode sofrer extinção quando suas populações são incapazes, por exemplo, de sobreviver a catástrofes ou a alterações ambientais drásticas. Ela pode deixar de existir, originando espécies descendentes por mecanismos de especiação aditiva (quando uma espécie forma duas espécies descendentes) ou hibridizando com outra linhagem, produzindo um evento de especiação redutiva (quando duas espécies se fundem para formar uma terceira). Uma linhagem evolutiva, a qual denominamos espécie evolutiva, pode ainda mudar ao longo do tempo, por meio de um processo denominado anagênese (mudança evolutiva de uma linhagem que não sofre divergência ou especiação aditiva). Esse processo de mudança temporal produz expressões temporais de uma espécie evolutiva que são significativamente diferentes entre si. A definição morfológica do que representa uma espécie pode ter, portanto, um contexto temporal limitado. A evolução, como já dissemos, é contínua, e as espécies ou linhagens evolutivas são mutáveis. Em Biologia, mudança é mais comum do que imutabilidade.

Outra fonte de problema para o reconhecimento da unidade evolutiva, como afirmamos, é que nenhuma espécie é, de fato, isolada. Todas as espécies existentes se relacionam com outras de forma direta ou indireta, com intensidades e interdependências variáveis. E esses relacionamentos interferem na forma pela qual a espécie é influenciada pelo meio ambiente biótico e abiótico nos quais vivem, e os caminhos evolutivos pelos quais essa pode percorrer. Algumas espécies se relacionam tão intimamente entre si que sua separação pode resultar em extinção simultânea. Outras relações podem ser menos intensas, e alterações em umas das partes podem não ter impactos expressivos sobre a outra. Qualquer espécie tem sua matriz de relacionamentos definida entre esses extremos, em um contínuo de influência mútua.

Para melhor entendimento do conceito, vamos tentar definir uma rede de inter-relacionamentos, posicionando, no centro, uma espécie hipotética de cupim (Figura 2). Cupins são insetos sociais da ordem Isoptera que vivem em grandes colônias, algumas dentro de estruturas conhecidas regional-

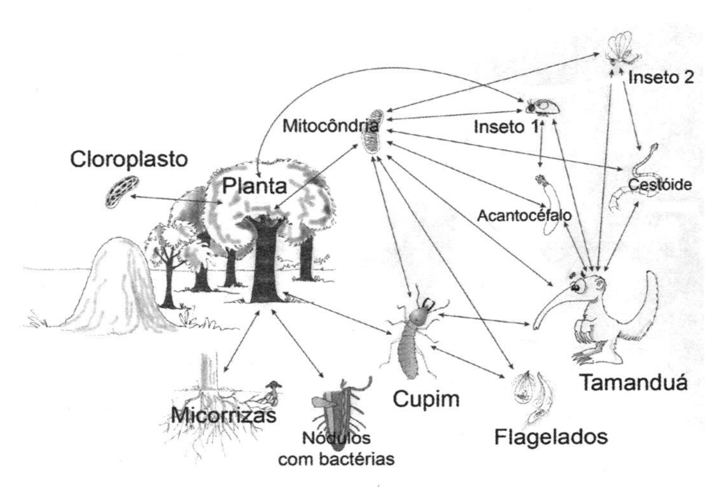

FIGURA 2. EXEMPLO DE UMA REDE INTEGRADA DE RELACIONAMENTOS.

mente como murunduns (ou cupinzeiros). Os murunduns assemelham-se a grandes cidades, nas quais cupins operários e soldados trabalham em conjunto para ofertar a um único indivíduo da colônia, a rainha, a capacidade e a possibilidade de produzir novos operários, soldados, reis e rainhas.

Por outro lado, cupins são animais que se alimentam de madeira. A madeira é composta basicamente de celulose, uma das substâncias orgânicas terrestres de mais difícil digestão e que só pode ser consumida pelo cupim graças à presença de microrganismos protistas (organismos unicelulares) que habitam regiões específicas de seu trato digestivo. Sem esses microrganismos, os cupins não poderiam utilizar a celulose como fonte alimentar. O relacionamento é de tamanha interdependência que a espécie "cupim" entraria em extinção quase imediata se a associação fosse eliminada de uma hora para outra. Os microrganismos, em contrapartida, também não sobreviveriam na ausência de seu parceiro cupim. Nesse nosso modelo simples, portanto, não há como considerarmos essas espécies separadamente. No texto que se segue, esse sistema de espécies será denominado "cupim + protistas" ou, simplesmente, cupim.

Em nosso exemplo, relacionamentos existem, ainda, entre o sistema "cupim + protistas" com uma espécie de árvore e uma espécie de tamanduá. Cupins são alimento do tamanduá, e a árvore fornece a madeira, consumida pelo cupim. Esses relacionamentos são diretos e envolvem associações tróficas. Nesse nosso contexto, a eliminação de tamanduás ou da espécie de árvore pode ter efeitos sobre as colônias de cupins da área, mas o impacto sobre a população de cupim não deve ter consequências tão evidentes e imediatas como no caso da extinção do cupim ou do protista, como sugerido no parágrafo anterior.

É difícil definir, em uma escala absoluta ou mesmo relativa, uma medida para o que denomino "intensidade" das associações ou relacionamentos. Talvez, uma medida possível seja o resultado final da eliminação de uma das partes do sistema de espécies associadas. Entretanto, calcular esses valores é praticamente impossível e a medida se torna estritamente teórica.

É evidente que a dependência dos componentes dos dois "tipos" de associações descritas até aqui que tem o cupim como "centro" são muito diferentes em termos de interdependência. Contudo, elas certamente influenciam-se mutuamente no processo de seleção natural que modula as mudanças evolutivas de suas partes, como discutimos no capítulo anterior.

Você já deve ter notado, ao estudar a Figura 2, que o que pode parecer complicado na explanação acima é, provavelmente, ainda mais complicado pela existência de outras associações das espécies citadas até aqui, que resultam em outros relacionamentos diretos e indiretos. O tamanduá é hospedeiro de duas espécies de helmintos, um acantocéfalo (um helminto parasito) e um cestóide (tênia ou solitária), que habitam seu intestino. Essas espécies de vermes, em geral, apresentam o que denominamos alta especificidade parasitária, ou seja, são espécies de parasitos encontradas apenas em uma espécie de hospedeiro (nesse caso, o tamanduá). Esses parasitos apresentam um ciclo vital complicado, envolvendo pelo menos um hospedeiro intermediário, que contém a larva do helminto que irá se transformar no adulto. Nesse caso, é a ingestão do hospedeiro intermediário que permite o estabelecimento das espécies de helmintos no tamanduá, o hospedeiro definitivo. Em nosso exemplo, cada espécie de helminto apresenta uma espécie de hospedeiro intermediário, os insetos 1 e 2. Os insetos 1 e 2 são, ainda, associados ao tamanduá, como vimos, pela malha trófica.

A árvore, por sua vez, também está envolvida em diversas outras associações. No exemplo, micorrizas (fungos) e bactérias associam-se com as raízes das árvores e realizam funções nessa associação que são importantíssimas para o vegetal (vamos conversar em mais detalhes sobre isso adiante). Em resumo, esses organismos estão diretamente associados com a fixação e o "repasse" de nutrientes do meio, essenciais para a realização de funções vitais de seu associado, a árvore.

A árvore, como sabemos, é uma planta. Plantas são capazes de realizar a síntese de matéria orgânica a partir de substância inorgânica, água e luz solar. Isso, todavia, só é possível graças a uma organela celular denominada *cloroplasto*. Uma hipótese amplamente aceita atualmente é que os cloroplastos encontrados nas plantas e nas algas originalmente resultam de uma associação entre a espécie ancestral das plantas com uma bactéria fotossintetizante. O relacionamento é tão antigo que é difícil, no presente, visualizar que a árvore (ou outra planta) e a bactéria fotossintetizante (o cloroplasto) representam duas espécies distintas em uma íntima associação interespecífica.

Para complicar um pouco mais – parece mesmo que esse exemplo está sendo eficiente nesse sentido –, todas as plantas e os animais ilustrados na Figura 2 transportam em suas células outra organela que é importantíssima no controle e na realização dos processos de respiração celular, produzindo energia vital para a célula, a *mitocôndria*. A presença de mitocôndrias nas células desses organismos, assim como no caso do cloroplasto, também parece ser o resultado de uma associação muito íntima e antiga entre duas linhagens unicelulares ancestrais. Há fortes evidências para essa hipótese, que serão discutidas em outros capítulos deste livro.

Há, portanto, não só uma variação na forma e na intensidade da relação, mas também de amplitude! Algumas associações são mais disseminadas no sistema biológico do que outras. É possível reconhecer certa organização hierárquica entre essas associações.

Em parte, essa hierarquia pode ser explicada por mais uma complicação do nosso exemplo (que foi denominado como simples no começo da discussão, mas que se torna mais e mais complexo a cada linha). A Figura 2 apresenta uma "fotografia" bidimensional de um conjunto de relacionamentos ou associações. Essa "fotografia" é apenas a representação das associações do presente, mas não inclui sua história. Essa figura não nos conta como e quando essas espécies se associaram. Também não apresenta nenhuma análise de como o estabelecimento dessa associação pode ter influenciado a evolução de suas partes. Mais uma vez, usando a "ferramenta" da simplificação, a Figura 3 foi montada com o objetivo de apresentar como a terceira dimensão (nesse caso, o tempo) pode aumentar nossa compreensão sobre o sistema de associações observado no presente (ou na Figura 2).

O emaranhado de linhas na Figura 3 representa linhagens evolutivas que se separam, se fundem ou se associam ao longo da história da evolução, considerando apenas as linhagens diretamente representadas em nosso exemplo da Figura 2. É uma história longa, que ocorreu em 3,5 bilhões de anos de evolução na face da Terra. Entre os eventos representados ali, estão: evento de especiação aditiva (ou divergência), fusão completa de linhagens (especiação redutiva) e associação íntima de linhagens, entre outros. Entre outras conclusões, é possível notar que a associação da mitocôndria ancestral (uma espécie de bactéria, conforme a hipótese mais aceita

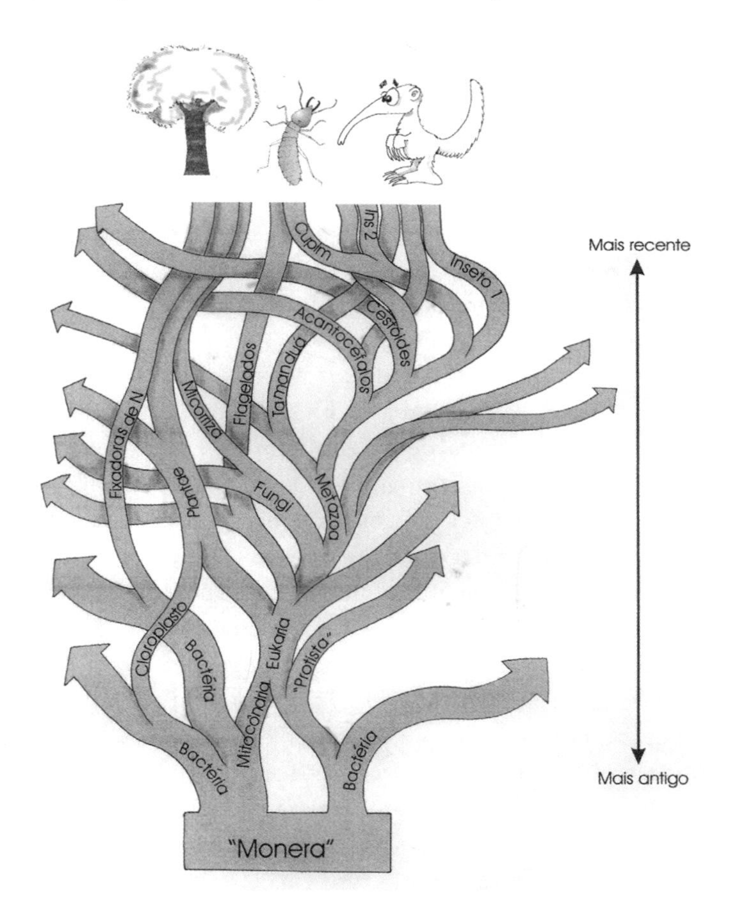

FIGURA 3. HISTÓRIA DAS ASSOCIAÇÕES APRESENTADAS NA FIGURA 2.

até o momento) com a linhagem de organismos eucariontes ocorreu há muito tempo e foi passada para as gerações de espécies seguintes. Por isso, essa associação é tão ampla nas linhagens eucariontes. No exemplo, essas linhagens estão representadas por plantas, fungos, protistas e animais.

A análise dessa figura permite-nos, ainda, compreender a razão pela qual apenas a árvore está associada ao cloroplasto. O início da associação deu-se pela fusão da bactéria denominada na Figura 3 de "cloroplasto" com a linhagem "Plantae" (as plantas verdes). Essa fusão ocorreu em um ancestral que transmitiu como herança a associação a seus descendentes, a nossa árvore e as demais espécies de plantas verdes.

Assim, apesar de aparentemente eu ter complicado ainda mais o exemplo da Figura 2, essa é uma forma adicional de compreender associações: como e quando elas se formaram e quais foram as consequências dessas associações para a evolução combinada das linhagens envolvidas. A Biologia, hoje, dispõe de ferramentas metodológicas que, apesar de estarem sob constante aprimoramento, já oferecem condições de produzir e testar hipóteses sobre o padrão evolutivo da vida na Terra e sobre a história das associações que se formaram ao longo dos milhares de anos.

Reveja o título deste capítulo e você irá notar que existe algo faltando no texto até aqui. Onde está, nesta discussão, a "mão morta do passado?". Essa parte do título nos envia à reavaliação da metodologia utilizada por nós, seres humanos, na produção de conhecimentos que permitem a compreensão do sistema biológico que nos cerca e do qual fazemos parte. Tradicionalmente, classificar organismos, relações, sistemas, estruturas, processos, seja o que for objeto de nossa curiosidade, tem sido a forma pela qual procuramos organizar as coisas à nossa volta, para permitir seu estudo e eventual compreensão de sua composição e de seu funcionamento. Enquanto esse é um procedimento metodológico que nós ainda não estamos prontos a abandonar por completo, sua aplicação incondicional acaba por prejudicar a efetiva compreensão sobre o funcionamento e a história do sistema natural.

Por exemplo, o cupim, os protistas de seu intestino, a árvore e o tamanduá podem (e devem) ser considerados espécies independentes, como já comentamos. Todavia, só será possível compreender que portas de nossa "sala evolutiva" foram utilizadas pelo cupim se compreendermos que a associação histórica com os protistas permitiu que esse inseto usasse madeira como recurso alimentar no passado. A dependência entre as espécies de cupim e protistas deve ter aumentado com o tempo e o processo de mudança evolutiva. As duas espécies passaram a representar uma unidade evolutiva, um sistema integrado de espécies que seguiu um caminho evolutivo próprio. A dependência é tal, que a identidade e a sobrevivência de uma espécie do sistema estão integralmente ligadas à outra.

Deixar de compreender essa ligação íntima e obrigatória simplesmente porque as duas espécies são consideradas por alguns entidades independentes é perder a oportunidade de compreender um dos eventos mais marcantes do processo de evolução orgânica. Essa é a "mão-morta-do-passado" à qual me referi no título do capítulo. Ela nos impede de reconhecer ou buscar a verdade em virtude de conceitos previamente estabelecidos.

Fica difícil, portanto, tentar identificar, em um sistema como o do exemplo, qual é a unidade de evolução, em que nível ou compartimento a evolução se expressa. Nos capítulos a seguir pretendo discorrer mais sobre isso, mas espero que esteja claro, a partir de agora, que nossa compreensão tradicional de espécie é bastante flexível, considerando, na maioria das vezes, aquilo que conseguimos individualizar por meio de nossos sentidos. Um cupim é uma espécie porque claramente representa uma unidade que apresenta uma descontinuidade explícita a nossos sentidos de outras espécies ao redor. Ele é uma espécie, ainda, porque conseguimos definir sua identidade, baseada, por exemplo, em sua morfologia. "Indivíduos" dessa espécie apresentam características comuns que os torna distinguíveis de indivíduos de outras espécies. Entretanto, apesar disso, sabemos, agora, que é impossível entender o "funcionamento" e a evolução desse componente biológico que denominamos cupim sem considerar suas interações com espécies associadas. De fato, nenhuma espécie pode ser plenamente compreendida sem essa visão.

■

3 Conceitos e pré-conceitos

Em todas as áreas da ciência, os conceitos, em geral, têm como objetivo estabelecer um grau de organização que permita a melhor compreensão do sistema em estudo. Entretanto, muitas vezes, esses conceitos mais prejudicam do que ajudam no entendimento adequado da extensão e da intimidade do relacionamento de duas espécies. Os conceitos confundem-se e se sobrepõem parcialmente, e seus limites são praticamente impossíveis de definir.

A literatura, entretanto, está repleta de discussões sobre a aplicabilidade de um ou de outro conceito para classificar associações ou relações interespecíficas. Frequentemente, essas discussões são pouco conclusivas. Brincadeiras entre especialistas podem exemplificar a dificuldade da aplicação de conceitos a casos reais de relacionamento interespecífico. O termo "parasito" e "parasitologia" são tão difíceis de conceituar que especialistas brincam e os definem de maneira visivelmente circular: "Parasitos são aqueles organismos que o parasitologista estuda" ou "parasitologista é aquele cientista que estuda os parasitos". Engraçado ou não (cientistas têm um humor, muitas vezes, incompreensível), isso claramente exemplifica mais um caso de conceito criado pelo ser humano com o objetivo de organizar o conhecimento, mas que, geralmente, não reflete a organização encontrada na natureza.

Conceitos, todavia, são adequados na organização do conhecimento desde que se compreenda sua função e suas limitações. Em geral, apesar de inadequadamente, relacionamentos são separados em associações interespecíficas que impõem a proximidade física continuada ou por longo período de seus componentes e as demais relações entre espécies de uma comunidade. As relações que envolvem uma associação física íntima entre suas espécies componentes são denominadas *simbiose*.

Simbiose é um termo relativamente antigo, atribuído ao micologista alemão Anton de Bary (1879). Apesar de ter sido vinculado por um longo tempo a apenas um único tipo de associação (mutualismo) o termo simbiose, assim como proposto por Bary, envolve qualquer tipo de associação íntima entre espécies (por vezes, entre indivíduos de uma mesma espécie). Fazem parte do conjunto das associações simbióticas: parasitismo, mutualismo e comensalismo. Alguns autores incluem forese como uma categoria de simbiose, mas essa não é uma categoria que possa ser claramente definida ou diferenciada das demais. As definições das categorias de simbiose são complicadas, e diversas propostas vêm sendo feitas, sem que haja consenso entre os especialistas.

Outros conceitos são adotados mais comumente por ecólogos, para relacionamentos não simbióticos. Estão incluídos nesse grupo os conceitos de amensalismo, neutralismo, competição e predação. Em geral, ao contrário da simbiose, o contato físico entre as espécies envolvidas nessas associações é bastante reduzido (pelo menos temporalmente) ou inexiste. Problemas na definição desses tipos de associações são tão amplos como para os tipos de simbiose. O Quadro 2 apresenta definições tradicionais de associações – sugiro revê-las rapidamente antes de continuar a leitura.

QUADRO 2
DEFINIÇÕES TRADICIONAIS DE ASSOCIAÇÕES (DIVERSAS FONTES)

Mutualismo: ambas as espécies parceiras beneficiam-se da associação.
Comensalismo: um parceiro, o comensal, se beneficia, enquanto o outro, o hospedeiro, não é prejudicado nem beneficiado.
Parasitismo: um parceiro, o parasito, prejudica ou vive à custa do outro parceiro, o hospedeiro.
Competição: quando duas espécies disputam um mesmo recurso, resultando em impactos negativos para ambas.
Predação: consumo de um organismo vivo por outro com a remoção da presa da população original.
Amensalismo: uma espécie é prejudicada ou inibida e a outra espécie não é afetada.
Neutralismo: nenhuma espécie é afetada de modo significativo.

A classificação apresentada no Quadro 2 é artificial, pois os limites entre elas não são claros. Todavia, não é minha intenção promover o total abandono das classificações tradicionais para relacionamentos interespecíficos. Gostaria apenas de vê-las servindo, de forma mais eficiente, às funções para as quais foram criadas: auxiliar no entendimento de processos biológicos, mas sem atrapalhar a sua compreensão. Essas classificações continuam importantes, em especial com o objetivo de organização. De fato, irão continuar sendo utilizadas neste livro, de forma flexível, para facilitar a organização e a compreensão das ideias aqui apresentadas.

A classificação tradicional procura organizar, em conjuntos discretos, todas as associações pareadas existentes. No entanto, frequentemente uma associação entre duas espécies apresenta características que as coloca na transição entre um conceito e outro, fazendo-nos cair na armadilha da dúvida. Sem saber como qualificar uma associação, podemos ignorar suas características biológicas e "alocá-la" na classificação que atenda às expectativas do grupo ao qual uma das espécies pertence.

Uma tentativa de representar a abrangência e a sobreposição dos tipos de relacionamentos interespecíficos caracterizados no Quadro 2 é apresentada na Figura 4. Neste exercício, as variáveis consideradas, talvez as mais comumente utilizadas nas definições dessas associações, são o impacto da relação sobre um parceiro A (eixo X), sobre o parceiro B (eixo Z) e a dependência do sistema (a sobrevivência de uma das espécies no caso da remoção da espécie parceira; eixo Y). Valores positivos e negativos dos eixos X e Z representam, respectivamente, impactos positivos e negativos sobre as espécies

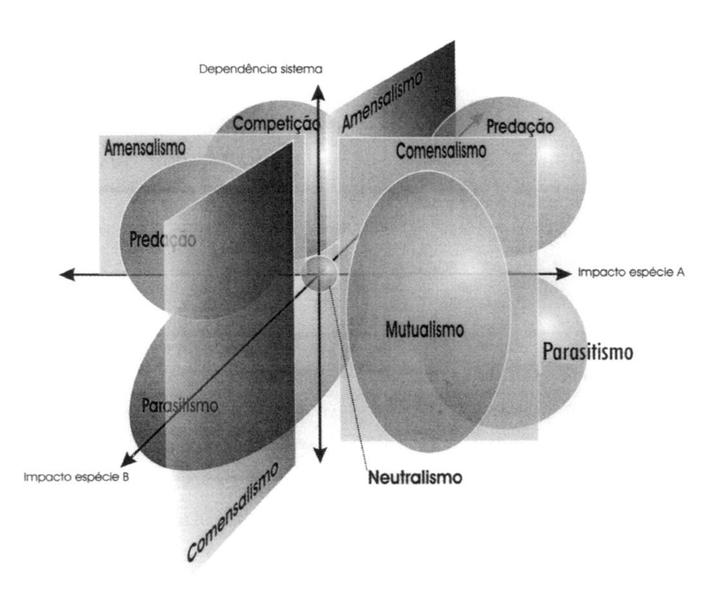

FIGURA 4. A OCUPAÇÃO DE UM ESPAÇO TRIDIMENSIONAL PELAS CATEGORIAS TRADICIONAIS DE ASSOCIAÇÕES. VER TEXTO.

parceiras. Valores negativos do eixo Y indicam associações de alta dependência entre as espécies, representando a tendência de que uma das espécies ou ambas morram com o fim da associação. Valores positivos referem-se a associações de baixa interdependência entre os parceiros – mesmo na ausência de uma das espécies, a outra componente da associação não é significativamente prejudicada. Os espaços "ocupados" por cada uma das associações na Figura 4 são reduzidos para fins ilustrativos apenas. É provável que as associações/inter-relações existentes preencham todo o espaço tridimensional do gráfico, sem espaços "vazios" entre os relacionamentos conceituados (= ausência de associações).

Uma análise, mesmo superficial, da Figura 4 sustenta a conclusão de que as definições do Quadro 2 são bastante simplistas. Mutualismo, por exemplo, ocupa dois quadrantes associados a impactos positivos simultâneos para as duas espécies envolvidas. Existem, entretanto, relações mutualísticas que se estendem de associações de alta dependência a outras nas quais nenhum dos parceiros sofre impacto na ausência do outro. Entre as relações mutualísticas de maior dependência estão aquelas associadas ao consumo de plantas em muitas espécies animais, vertebrados e invertebrados. Muitos animais herbívoros são incapazes de, por si só, digerir a parede celular das células vegetais para utilizar seu conteúdo citoplasmático. Eles dependem da ação de bactérias, fungos e protistas que habitam seu trato digestivo e produzem a enzima celulase (que digere a celulose). Os animais usam os subprodutos da digestão desses microrganismos e os microrganismos propriamente ditos como recurso alimentar. A eliminação experimental dos microrganismos resulta na morte do animal, mesmo com a ingestão contínua de material vegetal. Entre as espécies que apresentam essa dependência com associações mutualísticas estão diversas espécies de cupins, moluscos, crustáceos e mamíferos, incluindo primatas, roedores, elefantes e sirênios (peixe-boi). Na maioria dos casos, há regiões especializadas do trato digestivo que hospedam esses microrganismos e onde a digestão da celulose ocorre.

Entretanto, o exemplo mais expressivo desse tipo de mutualismo é observado nas espécies de mamíferos ruminantes, que incluem ovelhas, gado e cabras. Essas espécies apresentam o estômago modificado em quatro partes: o rúmen, o retículo, o omasum e o abomasum. O trato digestivo desses ruminantes são verdadeiras fábricas de processamento de matéria vegetal, que vai desde a digestão da celulose até a inativação de compostos tóxicos, ambos realizados pelos microrganismos mutualistas (protistas, bactérias e fungos). Em troca, o ruminante fornece a matéria-prima e o controle das características físicas e químicas de seu estômago e subdivisões, para que a fermentação anaeróbica ocorra em condições ótimas. Assim como outras espécies herbívoras, as espécies de ruminantes utilizam os subprodutos do processamento da matéria vegetal, de seus anabólitos, de catabólitos produzidos pelos microrganismos e pelos microrganismos propriamente ditos.

Algumas relações mutualísticas, entretanto, apesar de satisfazer o efeito positivo entre as espécies componentes, não apresentam tal dependência à associação. No outro extremo dos valores de *dependência do sistema* no espaço "mutualismo" da Figura 4 está a associação entre uma espécie de protista ciliado, *Paramecium bursaria*, e algumas linhagens de *Chlorella* sp., uma alga verde unicelular. Ao ser ingerida pelo ciliado, cada célula dessa espécie de alga é isolada em um vacúolo exclusivo (vacúolo perialgal ou simbiossomo), que migra para a proximidade da superfície do protista. A alga simbionte reproduz-se no simbiossomo, mas suas células filhas são isoladas em vacúolos individuais. As algas, através da fotossíntese, produzem grande quantidade de maltose e glucose e recebem, de seu parceiro ciliado, compostos nitrogenados empregados na síntese de aminoácidos e proteínas. Apesar dessa associação, tanto as espécies de *Chlorella* como de *P. bursaria* sobrevivem, aparentemente sem maiores consequências, à ausência de um dos parceiros dessa associação.

Considerando os critérios adotados na Figura 4, parasitismo é a associação que ocupa o maior espaço nesse gráfico tridimensional. A área ocupada pelo parasitismo abrange os quadrantes onde ocorre impacto negativo para uma espécie (o hospedeiro) e positivo para outra (o parasito), e no quadrante ocupado onde ambas as espécies de uma associação são impactadas negativamente. Apesar desse último espaço não ser tradicionalmente considerado parasitismo (influência negativa mútua), uma análise mais detalhada de alguns relacionamentos parasitários parece sustentar essa decisão. Parasitos podem causar algum tipo de influência negativa sobre seus hospedeiros, por meio da alimentação, de danos mecânicos ou químicos, entre outros. Em contrapartida, muitas espécies de hospedeiros são capazes de responder a uma infecção por parasito por intermédio de seu sistema imunológico. Esse é um mecanismo de defesa tão eficiente que muitas (se não a maioria) das "tentativas" de invasão do corpo de um vertebrado, por espécies parasitas, são impedidas. Alguns autores sugerem, ainda, que essa resposta a parasitos e a compostos por eles produzidos (por exemplo, excretas) traga alguma vantagem para o hospedeiro pela manutenção da habilidade do sistema imune em responder rapidamente a uma variedade de antígenos. Assim, pode-se considerar que o hospedeiro pode, também, exercer um impacto negativo sobre seus parasitos.

Mesmo o uso da pressão ou do impacto negativo de seu hospedeiro, um critério aparentemente central na definição da relação parasitária, fica complicado em algumas associações. Por exemplo, há associações que, apesar de não corroborarem plenamente essas definições, são incluídas em parasitismo por tradição. Crustáceos copépodes da família *Ergasilidae* são, em sua maioria, parasitos dos filamentos de peixes, e se alimentam do epitélio branquial. As larvas, as fêmeas e os machos jovens são animais de vida livre, mas apenas a fêmea, depois de fertilizada, se torna parasita.

Espécies de ergasilídeos do gênero *Prehendorastrus*, que vivem em peixes amazônicos, todavia, parecem ter seguido um caminho distinto das demais espécies da família. O ancestral das espécies do gênero abandonou os filamentos branquiais, e suas espécies são hoje encontradas em projeções dos arcos branquiais, denominadas rastelos. Rastelos branquiais são usados por algumas espécies de peixes no processo de filtragem de organismos planctônicos, dos quais se alimentam. Rastelos, ao contrário dos filamentos branquiais, são basicamente estruturas ósseas, com pouquíssimo epitélio. Espécies de *Prehendorastrus,* aparentemente, abandonaram seu hábito tipicamente parasito observado nas demais espécies de *Ergasilidae*, passando a se alimentar dos organismos filtrados da água pelo rastelo do peixe, quase como predadores. Essa associação, portanto, apresenta semelhança maior com comensalismo do que com parasitismo. Ainda assim, espécies de *Prehendorastrus* são consideradas parasitas, em especial porque são membros de uma família com espécies de hábito fundamentalmente parasitário.

Os quadrantes "ocupados" pelo parasitismo são os inferiores, considerando o eixo Y (e, portanto, sugerem que todos os relacionamentos considerados parasitismo são obrigatórios pelo menos para uma das espécies parceiras). No entanto, exemplos de parasitismo facultativo são abundantes, sugerindo que a área ocupada pelo parasitismo na Figura 4 deva atingir regiões onde o Y é positivo. Nessa região, se uma associação é desfeita, não existe prejuízo significante (por exemplo, morte) para nenhum dos parceiros. Em dois dos quadrantes superiores, imediatamente acima dos quadrantes do parasitismo, encontra-se a associação predação, o que certamente resulta em sobreposição entre os espaços, dificultando a definição das associações ocorrentes nessa região baseadas exclusivamente nesses três parâmetros considerados.

Um exemplo clássico de parasitismo facultativo é o caso da ameba (protista) *Naeglaeria fowleri*. Apesar de ser uma espécie aquática de vida livre, *N. fowleri* é causadora de meningoencefalite em seres humanos, que frequentemente é fatal. Água de lagos e piscinas contaminadas, forçadas para o interior das cavidades nasais, permite que essas amebas migrem pelos nervos olfativos até atingir o cérebro. Apesar de considerado um exemplo clássico do parasitismo facultativo, como já mencionamos, é difícil aceitar que essa "associação" possa ser considerada parasitismo. A *Naegleria fowleri* destrói rapidamente o tecido nervoso cerebral, levando o hospedeiro à morte em pouco tempo. A "associação" não é capaz de se estabelecer, pois um parceiro leva o outro a morte rapidamente, representando um "suicídio" da população "parasita".

O *Pelodera strongyloides* representa, talvez, um exemplo mais adequado de parasitismo facultativo. Esse verme nematóide de vida livre habita solos úmidos, mas é capaz de invadir e sobreviver sobre mamíferos, nos folículos de pêlos e glândulas lacrimais. Outras espécies de nematóides podem sobreviver por períodos variados sobre ou dentro de outras espécies animais.

As associações do tipo predação são localizadas nos quadrantes que envolvem uma relação interespecífica semelhante à do parasitismo, positiva para um parceiro, mas negativa para o outro. Na Figura 4, ela ocupa os quadrantes superiores, o que sugere que a associação não seja obrigatória (isto é, nem a presa nem o predador morrem ou são prejudicados na ausência da associação). Entretanto, de forma análoga à área ocupada pelo parasitismo, há espécies de predadores que são tão especializadas para a captura de determinada espécie de presa que a ausência deste último implica a morte do primeiro.

As aranhas-bola (Araneidae, Cyrtarachninae), por exemplo, apresentam adaptações que as permite encontrar e capturar sua presa de forma altamente eficiente. Essas aranhas, ao contrário de outras espécies do grupo, não tecem teias complexas. Produzem um único fio com gotas de adesivo que utilizam para capturar machos de mariposas de determinada espécie. Os machos dessas mariposas são atraídos por secreções das aranhas-bola que imitam feromônios de sua presa. Quando o macho da mariposa se aproxima, a aranha recolhe o fio de teia, lançando-o sobre a presa. O fio gruda na mariposa e a aranha recolhe a teia. Feromônios sexuais, como aqueles das mariposas fêmeas, são suficientemente específicos para atrair apenas machos de uma espécie de mariposa. Assim, as aranhas-bola apresentam alta dependência de sua presa. Para compensar a variação sazonal de abundância de espécies de mariposas, as aranhas-bola são capazes de alterar a composição do composto químico secretado para imitar feromônios da espécie de mariposa mais abundante em cada época do ano. Apesar disso, a sobrevivência do predador, aranhas-bola, está intimamente ligada à manutenção dessa associação predador–presa e sua morte é, pelo menos teoricamente, inevitável na ausência da espécie de mariposa (ou da "presa da vez").

Assim, a sobreposição entre predação e parasitismo é relativamente grande, considerando os critérios incluídos no gráfico (Figura 4). De fato, diversos autores que questionam os limites desses tipos de associações sugerem a inclusão de outros critérios, como diferenças de tamanho, dependência fisiológica, resultado final da associação (morte ou não do hospedeiro/presa). Esses critérios permitem de fato diferenciar de forma mais concreta os dois tipos de relacionamentos, mas, mesmo assim, ainda podem existir dúvidas.

Outras espécies de animais são consideradas parasitas, em contextos ligeiramente diferentes. Formigas são, em geral, insetos sociais, como os cupins, das quais já tratamos. Castas de rainha, operárias e soldados trabalham integradas com o objetivo de manter a colônia, atender à rainha, cuidar das larvas em desenvolvimento, cultivar fungos, entre muitas outras atividades necessárias para a manutenção e a perpetuação de sua espécie. Uma associação denominada parasitismo social é bastante comum entre formigas, com as espécies parasita e hospedeira sendo, muitas vezes, filogeneticamente próximas (por exemplo, do mesmo gênero). Há inúmeras espécies parasitas sociais de formigas e formas de usufruir a organização do ninho do hospedeiro. Em geral, a associação inicia-se com a rainha da espécie parasita "invadindo" o ninho da formiga hospedeira.

A rainha parasita pode matar todos os membros do ninho hospedeiro e, quando as larvas e as pupas do ninho da hospedeira nascem, as jovens formigas passam a cuidar da rainha parasita e de sua prole. Algumas espécies de formigas parasitas sociais sequer apresentam castas, produzindo apenas reis e rainhas. Em outras espécies de formigas parasitas, a rainha invade o ninho da formiga hospedeira e, em vez de matar a colônia e sua rainha, se instala sobre o abdômen da rainha hospedeira. Dessa forma, é alimentada pela colônia com a rainha hospedeira, e sua prole é atendida com a prole original do ninho.

Vespas da divisão Parasitica apresentam associações com espécies de Lepidoptera (mariposas e borboletas) que, dependendo da "flexibilidade" do leitor, não se encaixam em nenhuma das duas categorias anteriores. Elas são denominadas parasitóides. Parasitóide é um termo adotado para espécies que depositam ovos sobre ou dentro de seus hospedeiros. Nas vespas dessa divisão, as larvas eclodem e se alimentam do tecido vivo da lagarta hospedeira, causando a sua morte. O adulto da vespa é de vida livre. Alguns autores sugerem que as larvas se comportam como parasitos, mas a essência da relação não sustenta essa classificação. Parasitos podem vir a matar seus hospedeiros em situações especiais (por exemplo, quando o hospedeiro se encontra debilitado), mas sua dependência da espécie de hospedeiro impede que esta seja uma consequência constante da associação. Sem hospedeiros, não há parasitos. Assim, vespas, ditas parasitóides, assemelham-se muito mais a micropredadores do que a parasitos. Elas são tão eficientes em provocar a morte de suas presas, que diversas espécies de Parasitica têm sido utilizadas como meios de controlar biologicamente alguns lepidópteros, pragas da agricultura ou da indústria madeireira.

Por outro lado, a piranha mucura, *Serralsamus elongatus,* e outras espécies de peixes sul-americanos (como o Cacunda – *Roeboides affinis;* o Miguelinho – *Exodon paradoxus*), apesar de serem membros de grupos tipicamente reconhecidos como predadores, não satisfazem a todos os pré-requisitos tradicionalmente alocados nesse tipo de relação. Essas espécies de peixe arrancam escamas e/ou pedaços de nadadeiras de outros peixes sem, todavia, matá-los. Se não fosse a não especificidade relativa dessas associações, alguém poderia sugerir que esses animais deveriam ser enquadrados como parasitos: eles se beneficiam da associação, causando prejuízo ao parceiro.

Associações classificadas como comensais estendem-se nas metades superior e inferior da Figura 4 e, portanto, podem ser obrigatórias ou facultativas. Como a definição indica que enquanto uma espécie é beneficiada a outra nada sofre ou ganha, o comensalismo na figura ficou limitado a uma distribuição espacial de dois planos, apenas. O maior problema para essa categoria é assumir, por critérios não claramente definidos, que um componente (ou comensal, como se utiliza nesses casos) não é beneficiado nem prejudicado na associação. De fato, essa dúvida prevalece na maioria dos textos sobre esse conceito. Por exemplo, as rêmoras, peixes da família Echeneidae, podem se associar com diversos grupos de animais marinhos, como baleias, tartarugas e tubarões. As rêmoras apresentam uma nadadeira dorsal modificada que lhes permitem se fixar sobre o parceiro, acompanhando-o e não causando prejuízo óbvio. A vantagem obtida por esse peixe, conforme muitos, é a oportunidade de se alimentar dos restos não consumidos das presas de seus comensais e o transporte em si. Os comensais (a baleia, a tartaruga ou o tubarão), entretanto, podem ter sua eficiência natatória reduzida, especialmente se o número de rêmoras fixadas a seu corpo for elevado, alterando seu perfil hidrodinâmico. Por outro lado, algumas espécies de rêmoras alimentam-se de parasitos e outros organismos que se fixam sobre seu comensal; essa limpeza pode representar um fator positivo para o hospedeiro. No primeiro caso, em que a rêmora parece estar prejudicando o parceiro, a associação pode ser alocada nos espaços ocupados pela predação ou parasitismo na Figura 4. No segundo caso, a relação pode ser considerada mutualismo.

A associação entre espécies de *Temnocephala*, verme do grupo das planárias, e de *Aegla*, um caranguejo de água doce encontrado na região sul da América do Sul, é uma relação comensal obrigatória. Esses vermes fixam-se sobre o cefalotórax do caranguejo e alimentam-se de pequenos animais e algas que aí se aderem. Como não existe interdependência conspícua, seria de se esperar que o verme pudesse sobreviver sobre qualquer substrato rígido que apresente crescimento de organismos os quais possam servir-lhe de substrato. Esse não é o caso. O temnocefalídeo morre em curto espaço de tempo se mantido distante de seu hospedeiro. Isso também acontece com outras espécies de *Temnocephala* e de gêneros próximos, comensais de tartarugas e caramujos aquáticos.

O tipo de relacionamento denominado amensalismo ocupa dois planos nas porções dos eixos Z e X, que indicam impactos negativo em uma espécie e neutro para outra. Amensalismo é um relacionamento de não interdependência e, portanto, esses dois planos ocorrem apenas na região positiva do eixo Y. Essa não é uma categoria comumente utilizada na literatura especializada. Nela são incluídos relacionamentos em que uma espécie, sem evidente vantagem para si mesma, causa prejuízos a outra espécie. Tradicionalmente, são utilizados como exemplos nesse caso plantas que, por terem copas mais altas, sombreiam plantas de menor porte, prejudicando sensivelmente seu desenvolvimento. Ou a ação antibacteriana dos fungos do gênero *Penicilinum*. É estranho pensar em amensalismo como uma associação, e, por isso, talvez, muitos prefiram eliminar essa eventual categoria de classificações que envolvam relações entre espécies.

No quadrante superior onde o impacto da associação/relacionamento das duas espécies é negativo, mas não existe interdependência, localiza-se a competição. Organismos podem competir de duas formas: diretamente, quando existe um confronto direto entre as espécies (por exemplo, competição entre espécies de coral por espaço; alelopatia em plantas) ou indiretamente, quando duas espécies utilizam o mesmo recurso (como alimento, espaço).

Por fim, neutralismo, localizado em nosso gráfico como uma pequena esfera na origem de todos os eixos/variáveis considerados, representa a ausência de associação. Duas espécies que, apesar de compartilhar a mesma comunidade, não interagem.

Assim, reconhecendo a extensão das sobreposições existentes entre os conceitos tradicionais, parece mesmo que as tentativas de unificar uma classificação que seja amplamente aplicável aos relacionamentos entre as espécies existentes não poderiam mesmo ter sucesso. Entretanto, o importante é compreender cada associação e reconhecer a existência de uma rede de associações em uma comunidade. Cada associação pareada, espécie a espécie, pode ser alocada em um espaço multidimensional que inclui dimensões associadas a diversas variáveis, como (além daquelas discutidas amplamente na Figura 4): intimidade física da associação; idade evolutiva da associação; menor período de existência da associação (considerando o tempo e o ciclo de vida dos associados de menor longevidade); tipo de impacto da associação sobre as espécies parceiras; dependências e influências fisiológicas entre as espécies e coadaptação, entre outras. Considerando esses parâmetros, o conjunto das associações existentes na biota terrestre provavelmente compõem um contínuo em um espaço multidimensional de critérios.

Relacionamentos podem envolver grande proximidade física, como em alguns tipos de parasitismo, ou apenas encontros esporádicos, como na predação. A idade de uma associação pode variar desde bastante antiga, como no caso da associação entre mitocôndria e as células eucariontes (organismos uni e multicelulares que apresentam, entre outras características, um núcleo revestido por membranas), ou muito recente. Exemplos de associações recentes são relativamente abundantes no mundo de hoje. Entre eles estão os vírus da Ebola, do HIV e da pneumonia asiática (SARS), que colonizaram um novo hospedeiro, a espécie humana, a partir de outras espécies animais.

Algumas associações existem por toda a extensão da vida adulta do parceiro menos longevo, como é o caso de relacionamentos parasitários envolvendo helmintos do grupo dos platielmintes neodermados, como as tênias e as fascíolas. Outras associações podem ter um caráter efêmero, existindo apenas durante uma parcela da vida do parceiro de menor longevidade. Espécies de animais do filo Nematomorpha, conhecidos vulgarmente como vermes-crina-de-cavalo, por exemplo, são parasitos apenas durante seu desenvolvimento larval, vivendo no corpo de fases larvais aquáticas de certos grupos de insetos e crustáceos. Como adultos, nematomorfos são animais de vida livre e habitam os fundos de rios e lagos.

O contrário ocorre com espécies de Ergasilidae, uma família de pequenos crustáceos copépodes, parasitos de peixes teleósteos. Todos os estágios larvais desses animais são de vida livre e encontrados nadando livremente em ambientes aquáticos. Ao atingir a maturidade sexual, machos e fêmeas copulam, e a fêmea se torna obrigatoriamente parasita de peixes. Em geral, ela se fixa aos filamentos branquiais de seus hospedeiros, onde passa o restante de sua vida produzindo indivíduos da nova geração.

Enfim, mais importante do que classificar as associações é efetivamente compreender como duas espécies se relacionam, se associam. É mais importante, ainda, entender como essa convivência pode influenciar a evolução dos parceiros. Como associações evoluem e como influenciaram o processo de evolução da vida na face da Terra são objeto de estudo de diversos grupos de pesquisadores na atualidade. Essa análise evolutiva é abordada nos próximos capítulos.

▪

4 Origem das interações

O início e o fim de associações e relacionamentos entre espécies representam processos que ocorrem continuamente sobre a Terra, desde os primórdios do aparecimento de vida, algo em torno de 3,5 bilhões de anos. Como já discutimos, todas as espécies interagem, em diferentes níveis de intensidade e interdependência, com diversas outras espécies. As interações podem ser entre espécies espacialmente próximas ou mesmo distantes, por influências diretas ou indiretas. Algumas das associações são de reduzida interação e interdependência, e, portanto, pouco é necessário para o estabelecimento inicial do relacionamento. Evidentemente, não se discute aqui o neutralismo, pois, por definição, esse termo define a ausência de associação.

Os processos associados ao estabelecimento de um relacionamento íntimo entre duas espécies podem ser subdivididos em pelo menos duas fases. Uma inicial, representada pelos eventos relacionados ao contato imediato entre os potenciais parceiros, e outra fase de coacomodação, na qual as espécies de uma associação que sobreviveu à fase inicial passam pelo processo de coadaptação.

Os parceiros devem ser capazes de sobreviver ao início da associação, isto é, ao início da influência recíproca nos primeiros momentos de contato. As características intrínsecas de uma espécie, que permitem o estabelecimento e início de uma associação (em nosso caso), são denominadas pré-adaptações. Pré-adaptações são características morfológicas, comportamentais e fisiológicas, entre outras, produtos do processo acumulativo da evolução de uma linhagem. Como discutimos no Capítulo 1, pré-adaptações são características que influenciam quais portas do quarto evolutivo estarão abertas para a espécie. Pré-adaptações, portanto, são fundamentais no estabelecimento de associações.

Por exemplo, para se tornar parasito do trato digestivo de um hospedeiro vertebrado, determinado organismo precisa, *antes* de colonizar esse órgão, de características que o permitam sobreviver aos "ataques" dos fluidos digestivos de seu novo ambiente. Sem essa pré-adaptação, o organismo é simplesmente digerido! A cutícula grossa e impermeável de vermes nematóides (como lombriga), por exemplo, é considerada uma pré-adaptação importante para a invasão do ambiente representado pelo trato digestivo de vertebrados e invertebrados. De fato, essa característica parece ter facilitado a aquisição do hábito parasitário observado em diferentes linhagens de nematóides.

Pré-adaptações também são necessárias no estabelecimento de uma nova relação presa–predador. O predador deve dispor de recursos adequados para capturar e processar uma nova espécie de presa. Em contrapartida, se pelo menos alguns indivíduos da população de presa dessa nova associação não apresentar características evasivas ou de proteção ao novo predador, ela pode rapidamente entrar em extinção. Nesse caso, a associação deixaria de existir rapidamente.

Entretanto, aparentemente, nem todas as associações apresentam alta dependência de características pré-adaptativas. Espécies em simpatria podem iniciar uma relação de competição se compartilharem a mesma necessidade por recursos, como espaço e alimento. A relação de competição pode iniciar-se com mudanças das características de uma ou de duas espécies que resultem na sobreposição de recursos utilizados ou quando recursos compartilhados se tornam limitados.

Amensalismo também não requer muito para se estabelecer em uma comunidade. Nessa associação, apenas uma espécie, aquela que recebe o impacto negativo, é influenciada pelos processos iniciais de estabelecimento desse relacionamento. Apenas a espécie prejudicada necessita de recursos que lhe permitam sobreviver aos impactos negativos aos quais está submetida.

Como já sugerido anteriormente, são os relacionamentos localizados, sobretudo, nos quadrantes inferiores da Figura 4 (parasitismo, comensalismo e mutualismo) que exigem mais dos parceiros para se estabelecer, em especial aqueles que envolvem um contato físico íntimo entre as espécies (uma espécie sobre ou dentro da outra). A pré-adaptação é especialmente importante nessas situações. Oportunidade também. A oportunidade do encontro entre duas espécies que possam iniciar associações mais íntimas, conhecidas como simbiose.

Talvez um dos eventos mais discutidos sobre a origem de associações simbióticas seja a origem dos vermes platielmintes, conhecidos como Neodermata. Os neodermados representam um grupo de mais de 40 mil espécies de animais, estritamente parasitas, que inclui trematódeos (as fascíolas), os cestóides (as tênias) e os monogenóideos (um grupo menos conhecido do que os demais, mas de grande importância na produção de peixes). Os neodermados originaram-se de vermes platielmintes de vida livre, de um ancestral filogeneticamente próximo aos turbelários (planárias). A origem do ancestral dos Neodermata parece vinculada à colonização de um ancestral vertebrado, provavelmente dos Gnathostomata, entre 500-400 milhões de anos atrás. Gnathostomata é um agrupamento de animais vertebrados que apresentam mandíbula, o qual inclui peixes, anfíbios, "répteis", aves e mamíferos.

As características que foram aparentemente importantes no estabelecimento do hábito parasitário dos neodermados já estavam presentes nos platielmintes de vida livre. Alguns vermes turbelários de vida livre, evolutivamente próximos aos neodermados, já apresentavam estruturas corporais especializadas para a fixação sobre substratos duros ou sobre espécies hospedeiras. Diversas glândulas de secreções cimentantes abrem-se na superfície corporal e auxiliam na fixação desses animais sobre estruturas rígidas. Essas estruturas foram certamente fundamentais no estabelecimento do hábito parasitário, pois permitiram que os ancestrais dos neodermados se fixassem sobre ou dentro de seu novo parceiro, ou hospedeiro, nos momentos iniciais da associação. Como turbelários são, em sua maioria, carnívoros e detritívoros, a capacidade de se alimentar de tecido animal dos neodermados também representa uma pré-adaptação herdada de um antigo ancestral.

Neodermados apresentam, além dessas antigas características compartilhadas com os turbelários, uma modificação do revestimento corporal, única entre os animais, que aparentemente teve sua origem no ancestral imediato de suas espécies. Em vez de uma epiderme celular, neodermados apresentam um revestimento cujos núcleos se encontram abaixo das camadas musculares circular e longitudinal, profundo no corpo do animal. Em suma, no ancestral dos neodermados surgiu um tipo de revestimento corporal que é capaz, ao mesmo tempo, de ser permeável e de proteger o corpo do helminto da ação de fluidos digestivos de seus hospedeiros.

Assim, acredita-se que todas essas características representem pré-adaptações que permitiram ao ancestral dos Neodermata estabelecer um relacionamento íntimo, habitando o corpo de seu ancestral primitivo. Aparentemente, as estruturas de fixação permitiram ao neodermado ancestral se fixar sobre o vertebrado, o hábito alimentar permitiu ao helminto utilizar tecidos do hospedeiro para sua nutrição e a neoderme certamente conferiu proteção aos processos digestivos e imunológicos da espécie hospedeira.

Alguns autores acreditam que a oportunidade para que o ancestral dos neodermados tenha-se tornado parasito de um vertebrado está diretamente associada a comportamentos tróficos. Para alguns, o neodermado primitivo poderia fixar-se sobre o corpo de um vertebrado semelhante a um peixe para se alimentar de pedaços de epitélio removidos com auxílio de uma poderosa faringe muscular, como ainda fazem algumas espécies de monogenóideos. Portanto, esse relacionamento seria inicialmente de predação, com o helminto (nesse caso o predador, ou o micropredador) permanecendo sobre a "presa" por um curto período de tempo. O processo de evolução pode ter beneficiado animais com maior capacidade de se fixar sobre um vertebrado com capacidade de natação, resultando no isolamento e na adaptação, pelo processo de seleção natural, do helminto ao hospedeiro. O resultado final seria uma associação íntima e permanente entre as duas espécies.

Outros autores concordam que relacionamentos tróficos estejam envolvidos na aquisição do hábito parasitário do ancestral neodermado, mas que os eventos ocorreram exatamente no sentido oposto. O peixe ancestral (vertebrado ancestral) ingeriu por predação o ancestral neodermado (a presa) o qual, em virtude de suas pré-adaptações mencionadas anteriormente, foi capaz de se fixar sobre o epitélio intestinal do vertebrado e sobreviver à ação de seus líquidos digestivos. Nesse caso, a importância da neoderme é conspícua, protegendo o corpo do helminto da digestão durante a passagem pelo estômago e permanência no intestino. Esse evento pode ter promovido o isolamento instantâneo de uma população de helmintos intestinais da população original de vida livre ou a especiação gradativa. Nesta última possibilidade, helmintos inicialmente ingeridos seriam capazes de atravessar o trato digestivo de seus predadores sem ser prejudicados, e a associação teria-se estabelecido de modo gradativo. Indivíduos helmintos que pudessem permanecer por mais tempo no intestino de seus hospedeiros teriam a vantagem adaptativa de maior disponibilidade de recurso alimentar e, gradativamente, as características genéticas associadas a isso seriam selecionadas de maneira positiva.

O relacionamento trófico de predador–presa parece mesmo ter favorecido o estabelecimento inicial de numerosos casos de simbiose, até mesmo os muito antigos e de maior impacto na evolução orgânica. A predação parece vinculada à origem da associação mutualística sugerida para mitocôndrias e cloroplastos com células eucariontes (ver Figura 5). Nesses casos, conhecidos como endossimbioses primárias, as bactérias ancestrais da mitocôndria ou dos cloroplastos teriam sido ingeridas por organismos unicelulares eucariontes que, em vez de digeridas, seriam mantidas em vacúolos permanentes no citoplasma do parceiro. Evidentemente, a manutenção dessa associação mutualística favoreceu as linhagens eucariontes, descendentes do "predador", pela disponibilização de compostos químicos de importância, como ATP e açúcares. Nesses dois casos específicos, os parceiros simbiontes mantêm uma associação íntima, um vivendo dentro do outro, por toda a extensão de vida e da história das duas partes. Os parceiros se reproduzem separadamente, mas não se isolam durante esse processo. Mitocôndrias e cloroplastos são passados às novas gerações com o citoplasma da célula mãe (reprodução assexuada) ou dos gametas (no caso de reprodução sexuada). Eles desenvolveram tal dependência fisiológica que não podem mais sobreviver sem a associação.

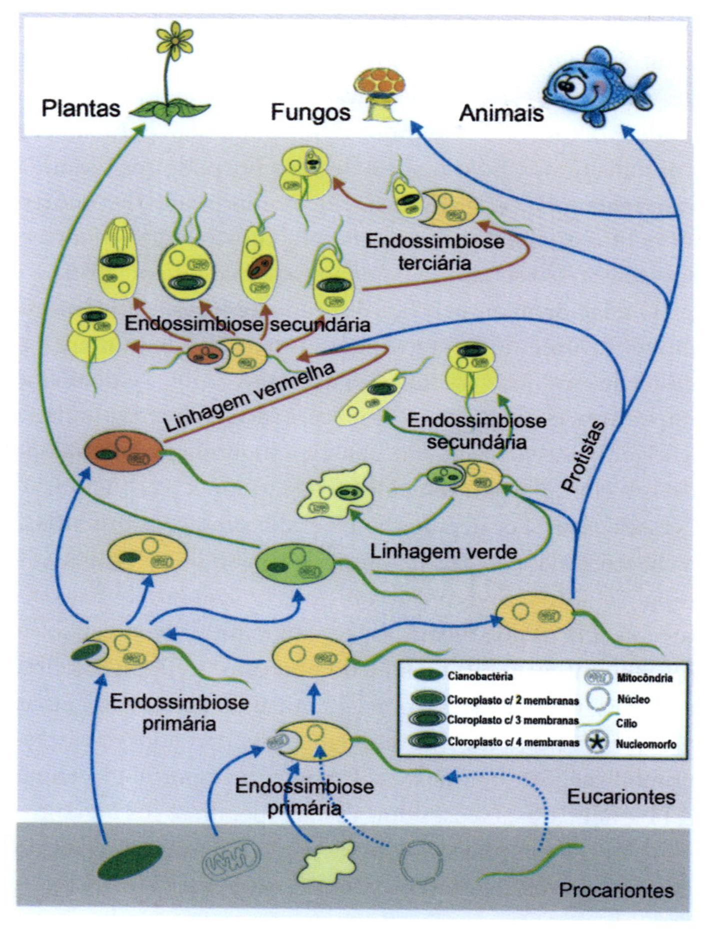

FIGURA 5. A TEORIA DA ENDOSSIMBIOSE SEQUENCIADA (SET) EXPANDIDA. FIGURA MODIFICADA DE MARGULIS (1993) E DELWICHE ET AL. (2004). VER TEXTO PARA EXPLICAÇÕES.

Processos análogos parecem ter originado por endossimbiose secundária diversos outros tipos de associações mutualísticas. Nesses casos, organismos eucariontes parecem ter incorporado outros organismos eucariontes fotossintetizantes (isto é, que contêm cloroplasto em seu citoplasma, produto da endossimbiose primária).

Outras associações muito semelhantes, envolvendo seres fotossintetizantes, apresentam interdependência menor, permitindo que seus parceiros sobrevivam na ausência do outro. Exemplo desse tipo de relação foi apresentado no Capítulo 3, envolvendo *Paramecium bursaria*, um protista ciliado, e espécies de alga verde do gênero *Chlorella*. A ausência da associação não impede que as espécies sobrevivam e completem seu ciclo de vida.

Corais (Cnidaria) incorporam algas conhecidas como zooxantelas e zooclorelas nas células do trato digestivo. Essa associação é sinergética, favorecendo tanto as algas como os corais, que crescem mais rapidamente e produzem seu esqueleto calcário de modo mais eficiente. Corais são organismos semelhantes a anêmonas e formam grandes recifes em áreas tropicais. Algumas espécies de nudibrânquios (moluscos que carecem de concha externa; as lebres do mar) são predadoras de corais. O coral ingerido é digerido no trato digestivo, mas suas algas simbiontes são incorporadas pelo nudibrânquio, onde permanecem realizando fotossíntese e liberando glucose para seu novo parceiro.

Assim, no início de uma relação, existem aparentemente duas possibilidades: ou a associação não se estabelece, com a morte de um ou de ambos os parceiros, ou a associação prevalece, e os associados passam por um período subsequente de coadaptação (fase de coacomodação). A espécie humana, por exemplo, está sob constante tentativa de colonização por espécies patogênicas ou não. Como vimos anteriormente, a ameba *Naegleria fowleri*, um organismo de vida livre, ao colonizar (invadir?) o corpo humano, provoca danos tão sérios que acarreta a morte de seu potencial parceiro, tornando impossível o estabelecimento de uma associação persistente.

Em contrapartida, nosso sistema imunológico é certamente capaz de impedir o estabelecimento de novos associados, eliminando diversas espécies às quais nosso corpo é exposto continuamente. A importância do sistema imunológico como uma barreira ao estabelecimento de novas associações simbióticas, em especial parasitárias, fica evidente quando esse sistema é deficitário. O vírus HIV provoca a enfermidade conhecida como AIDS ou SIDA (Síndrome de Imunodeficiência Adquirida), que minimiza a capacidade de resposta imunológica, expondo o corpo humano a associações até então inexistentes. Entre os organismos que foram capazes de colonizar o corpo humano com o sistema imunológico enfraquecido está um grupo de organismos eucariontes unicelulares, conhecido como microsporídeos (Microsporidia).

Microsporídeos são espécies parasitas de grande espectro de grupos de hospedeiros, de protistas a mamíferos. Todavia, até recentemente, não se conhecia microsporídeos parasitos de seres humanos. Desde o estabelecimento da associação do HIV com seres humanos, entretanto, oito espécies de microsporídeos já foram detectadas, causadores de diarreia, miosite, queratite, peritonite, hepatite, rinosinusites, conjuntivite e outras enfermidades em pacientes soropositivos. Os microsporídeos, no entanto, não são os únicos organismos que foram capazes de colonizar o corpo humano recentemente. Dezesseis outros agentes patogênicos, considerados doenças emergentes, foram detectados em seres humanos entre 1983 (ano em que o HIV foi detectado) até 1995.

Aparentemente, o início de simbioses que envolvam a intimidade física entre espécies é conturbada pelas reações mútuas das espécies envolvidas. Entretanto, uma vez "superadas" as barreiras iniciais, o relacionamento entra na fase de coacomodação.

Talvez o exemplo mais clássico dos processos iniciais no estabelecimento de uma relação simbiótica tenha sido curiosamente provocada pelo homem e envolve a translocação de espécies. Por volta de 1859, o coelho europeu foi introduzido na Austrália para servir de alvo da caça desportiva. Sem predadores, os coelhos proliferaram rapidamente a ponto de causar danos irreparáveis à vegetação rasteira de diversas regiões desse país-continente, até a década de 1950. Em uma tentativa de erradicar essa praga, o governo australiano, sob orientação de pesquisadores, importaram e liberaram, na Austrália, um vírus de lebres nativas brasileiras, o myxoma. O vírus foi capaz de usar a nova espécie hospedeira e sua alta virulência inicial produziu resultados bastante satisfatórios para os responsáveis pela introdução. Cerca de 95% dos coelhos morreram rapidamente. A vegetação rasteira recuperou-se e grandes áreas foram devolvidas à atividade de criação de ovelhas.

No entanto, desde aquela época, a população de coelhos recuperou-se, mas não atingiu os números observados antes da introdução do vírus. Assim, apesar de a experiência não ter eliminado por completo os coelhos dos ambientes da Austrália, o vírus aparentemente vem atuando como regulador da população desses animais. O acompanhamento das populações das duas espécies nos anos subsequentes à introdução do vírus indica que, durante o período de coacomodação, o coelho adquiriu resistência e a virulência do vírus sofreu significativa redução.

Algumas associações simbióticas, todavia, não envolvem contato físico permanente entre as duas espécies. Nesses casos, contatos iniciais que não se concretizem não necessariamente terminam em resultados tão drásticos, com a morte de um ou de ambos os indivíduos (ou grupos de indivíduos) das espécies envolvidas. Entretanto, é durante o processo de coadaptação que a interdependência das espécies associadas se concretiza.

Mutualismos de polinização provavelmente se enquadram nesse cenário. Benefícios recíprocos parecem ter beneficiado a associação, e a seleção recíproca parece ter resultado em coadaptação. Uma planta, que produza néctar próximo às flores, atrai insetos que se beneficiam desse recurso alimentar altamente nutritivo. Na flor, grãos de pólen aderem ao inseto, que os transporta ao final de sua "refeição". Ao buscar néctar em outras flores, o pólen sobre seu corpo fertiliza outra planta da mesma espécie. Assim, as plantas que forem capazes de produzir néctar em maior volume e qualidade e que disponham de outras características que aumentem a atração dos insetos terão sua reprodução favorecida. Dessa maneira, os caracteres de atração de insetos, que sejam de origem genética, são passados para a próxima geração em proporção elevada. Entre as adaptações que parecem ter sido selecionadas dessa forma estão os nectários (glândulas de néctar), as estratégias para a atração (guias de néctar), e mecanismos que facilitam a liberação e a adesão do grão de pólen.

A relação mutualística entre a figueira (*Ficus sicamorus*) e a vespa-do-figo (*Ceratosolen arabicus*) é, talvez, um dos exemplos mais impressionantes de como o processo de coadaptação pode levar à interdependência de processos biológicos de duas espécies. Como vespas desse grupo são em geral parasitóides, é possível que este tenha sido o relacionamento original da vespa com a figueira, e os processos de acomodação foram responsáveis pela atual relação mutualística observada atualmente.

A árvore do figo é produzida por estaquia no mundo inteiro há séculos, mas em sua distribuição original, na África Oriental, a reprodução ainda ocorre naturalmente e depende da associação mutualística com a vespa-do-figo. A fruta do figo é, na realidade, uma inflorescência do tipo sicônio. O sicônio é uma estrutura semelhante a uma bola de futebol, com uma abertura pequena, denominada ostíolo. Na face interna desse fruto, se encontram as flores masculinas (próximas ao ostíolo), e no fundo do sicônio, as flores femininas. Há dois tipos de flores femininas: flores com o estigma (uma parte superior da flor feminina) longo e com estigma curto.

Fêmeas fertilizadas da vespa são atraídas para o fruto, no qual penetram pelo ostíolo. No interior do fruto, as vespas fêmeas depositam seus ovos nos ovários das flores de estigma curto, pois seu ovipositor não é suficientemente longo para que isso seja feito nas flores de estigma longo. Os ovários das flores que contêm ovos da vespa desenvolvem galhas, cujo tecido é usado na nutrição das larvas da vespa após sua eclosão. As flores de estigma longo são fertilizadas por esse pólen, quando a vespa fêmea tentar depositar, sem sucesso, seus ovos. Essas flores de estigma longo desenvolvem-se normalmente e formam as sementes do figo.

Os primeiros adultos a emergir das galhas são vespas machos que imediatamente procuram galhas com vespas fêmeas ainda em seu interior. Introduzindo a ponta de seu abdômen na galha, os machos fertilizam as fêmeas. Depois de fertilizadas, as fêmeas emergem das galhas e cavam, próximo ao ostíolo, uma saída do sicônio. Quando a abertura está pronta, os machos, que apresentam fobia à luz, se dirigem ao fundo do sicônio, onde eventualmente morrem, e as fêmeas voam em busca de outros sicônios. Ao entrar em novos sicônios, o pólen contido nas vespas fertiliza as flores femininas. Antes de voar, as fêmeas preenchem estruturas especializadas de seu abdômen com pólen das flores masculinas. A dependência atual das duas espécies mutualísticas é tal que nenhuma delas consegue se reproduzir naturalmente sem a outra.

Há outros casos de polinização que não se encaixam muito claramente nas associações apresentadas e discutidas no

Capítulo 3. Elas devem ter-se desenvolvido de forma semelhante, mas por influência unidirecional de uma espécie sobre o processo de mudança evolutiva da outra. O produto final são associações que não podem ser consideradas mutualísticas, pois apenas uma das partes se beneficia, com o aparente prejuízo da outra espécie. Entre os casos nos quais isso acontece, estão plantas (em geral orquídeas) que desenvolveram flores que imitam fêmeas (pseudocópula), hospedeiros (pseudoparasitismo) ou outros insetos (pseudoantagonismo). Quem acha que esse é um exemplo claro de parasitismo deve ler o exemplo a seguir e decidir depois.

Exemplos desse tipo de associação são providos pelas adaptações de orquídeas e insetos polinizadores conhecidos como "decepção sexual". Orquídeas do gênero *Ophrys* são polinizadas por espécies de *Andrena*, um gênero de abelhas solitárias, com representantes em quase todos os continentes. A flor de *Ophrys* spp. tem a forma e a coloração da abelha. Tais características morfológicas, associadas à produção de uma secreção que imita o feromônio feminino de espécies de *Andrena*, atraem as abelhas macho, que copulam (ou "pseudocopulam") com a flor da orquídea. A abelha nada ganha nessa associação e a planta é polinizada.

Obviamente, associações são comuns em quase todos os grupos de organismos na face da Terra. Associações de menor intimidade entre parceiros, como de competição, predação e amensalismo, são certamente prevalentes desde a origem da vida na Terra e antecederam, mesmo que por pouco tempo, o aparecimento de relações simbióticas. Outros tipos de associações, como parasitismo e mutualismo, são conhecidas entre procariontes (organismos unicelulares desprovidos de núcleo; bactérias) e, provavelmente, se estabeleceram nos primeiros anos da evolução da vida no planeta.

Eventos de estabelecimento de associações ocorreram no passado e continuam ocorrendo no presente e irão ocorrer no futuro. Associações simbióticas são, ainda, quase tão comuns quanto as ecológicas e surgiram em momentos e linhagens diferentes da árvore da vida. O tapete de Penélope é tecido e desmontado continuadamente.

Procariontes associam-se com procariontes, indicando a existência de associações nos dois primeiros bilhões de anos de história da vida na Terra. Associações antigas entre esses organismos e entre eles e eucariontes primitivos parecem ter determinado a origem e o destino evolutivo das linhagens dos eucariontes (Eukarya). As diferentes linhagens de eucariontes associam-se entre si e com procariontes, algumas vezes de forma tão intensa e extensa que chegaram mesmo a influenciar diretamente a configuração e o funcionamento do sistema biológico da biota terrestre. Nos capítulos precedentes, vimos numerosos exemplos de associações que se estabeleceram entre espécies de plantas e animais, plantas e plantas, protistas e animais, protistas e plantas, e há ainda exemplos suficientes que provavelmente satisfazem a qualquer combinação entre os diversos grupos de organismos. Em praticamente todos os principais grupos taxonômicos surgiram vários tipos de relacionamentos, inúmeras vezes.

Simbiogênese (origem por meio de simbiose) é um conjunto de hipóteses que procura explicar a origem de algumas linhagens evolutivas por meio da associação de duas ou mais linhagens independentes. Exemplos de simbiogênese demonstram bem a extensão e a intensidade de algumas associações e suas consequências.

A ideia de simbiogênese é relativamente antiga. O pesquisador russo K. C. Mereschkovsky (1855-1921) propôs, pela primeira vez, que a mitocôndria de eucariontes teria sua origem por endossimbiose. Essa ideia foi apoiada por alguns pesquisadores subsequentemente, mas, apenas em 1970, Lynn Margulis, uma pesquisadora norte-americana, recuperou essa hipótese, ampliou-a e, associando informações atualizadas de biologia celular e molecular, formulou a sua hipótese, conhecida como Teoria da Endossimbiose Seriada (SET – Serial Endosymbiosis Theory).

Parte das ideias de Lynn Margulis está ilustrada na Figura 5. Uma série de eventos de endossimbiose que ocorreu cerca de 1,6 bilhões de anos atrás gerou a linhagem de organismos eucariontes. A SET sugere que tanto a mitocôndria como os cílios[1] encontrados em espécies eucariontes tiveram essa origem. Eucariontes fotossintetizantes teriam tido sua origem a partir da simbiose de uma espécie eucarionte e um procarionte fotossintetizante, ancestral da organela conhecida como cloroplasto. Apesar de não fazer parte da SET, a princípio, outros pesquisadores sugerem que o próprio núcleo da célula eucarionte possa ter-se originado a partir da endossimbiose. Essa hipótese e a proposta de que cílios sejam originados por simbiose são bastante questionadas por diversos especialistas, em particular pela carência de evidências, como as existentes para os casos das mitocôndrias e dos cloroplastos. Entre outras características, mitocôndria e cloroplastos têm sua própria informação genética, contida em uma molécula circular de DNA, como é o caso de organismos procariontes. O longo tempo de simbiose promoveu a troca de genes entre as mitocôndrias e o núcleo da célula hospedeira, mas não houve fusão total dos genomas dos parceiros.

Enquanto todos concordam que a mitocôndria teve sua origem em um único evento evolutivo de associação, semelhante processo não ocorreu com o cloroplasto (Figura 5). Estudos comparativos entre o DNA de cloroplastos encontrados em

---

1 Especialistas preferem utilizar os nomes cílios ou ondulipódios para denotar as estruturas de locomoção ou movimentação encontradas nos eucariontes que apresentam a estrutura organizada de 9 + 2 microtúbulos. Flagelos são, hoje, exclusivamente utilizados para estruturas locomotoras de procariontes, que não apresentam esta organização.

organismos eucariontes e o de procariontes fotossintetizantes indicam que a simbiose ocorreu inúmeras vezes ao longo da história evolutiva dos eucariontes. Houve, pelo menos, três eventos de simbiose entre eucariontes e procariontes, independentemente, nas linhagens das algas vermelhas, das plantas verdes e das glaucocistófitas (um pequeno grupo de algas unicelulares de água doce). Esses casos são reconhecidos como *endossimbioses primárias* e são identificados pela presença de apenas duas membranas plasmáticas revestindo os cloroplastos. Posteriormente, a simbiose com linhagens de algas vermelhas e verdes transferiram a capacidade de fotossíntese para outras linhagens de eucariontes. Denominados genericamente de *endossimbiose secundária*, esses eventos ocorreram de modo independente, numerosas vezes, em linhagens e em momentos distintos na árvore da vida. Endossimbioses secundárias são reconhecidas pelo fato de os cloroplastos estarem envolvidos em 3-4 membranas plasmáticas e, muitas vezes, um nucleomorfo se encontra presente (ver Figura 5). O nucleomorfo representa o núcleo original da alga que sofreu redução durante a simbiose (mutualismo).

Situações muito semelhantes ocorreram, ainda, entre algas resultantes de endossimbioses primárias e secundárias, com outros protistas (tais como ciliados e dinoflagelados) e animais (*endossimbiose terciária*). O resultado final lembra as bonecas russas, guardadas umas dentro das outras.

Mesodinium rubrum, um protista ciliado de vida livre, por exemplo, se associa com algas, que, por sua vez, apresentam uma associação simbiótica mutualística própria com algas vermelhas. Esta última estabeleceu, no passado, uma associação endossimbiótica com uma espécie fotossintetizante de procarionte! Todas as espécies eucariontes dessa associação têm suas próprias mitocôndrias!

Entre os animais, difícil é o filo no qual não se reconheça diferentes tipos de associações. Poríferos associaram-se a algas e a outros invertebrados em associações mutualísticas e comensais. Cnidários, grupo do qual fazem parte as anêmonas e as águas-vivas, se associaram diversas vezes com vários grupos de organismos, de algas a vertebrados.

Um dos mais conhecidos é o relacionamento entre o peixe-palhaço (espécies de *Amphiprion*) e anêmonas-do-mar (de diferentes gêneros e espécies). Cnidários apresentam células urticantes especializadas, denominadas nematoblastos, cuja função é defender o organismo ou auxiliá-lo na captura de presas. Os nematoblastos apresentam um filamento que é evertido quando a célula é estimulada mecanicamente (toque), penetrando o tecido do agressor ou presa, onde libera uma potente toxina. A toxina de algumas espécies é tão forte que algumas espécies de cnidários são conhecidas por provocar a morte de seres humanos. Os peixes-palhaço, entretanto, desenvolveram uma associação de tal intimidade com diversas espécies de anêmonas, que os nematocistos, mesmo se estimulados mecanicamente, não disparam. O peixe-palhaço protege-se no interior dos tentáculos das anêmonas e as protege contra a predação por peixes-borboleta, vorazes predadores desses cnidários. Os peixes-palhaço, ainda, mantêm aerados e limpos os tentáculos e o corpo da anêmona. Há registros de algumas espécies de peixes-palhaço que caçam e levam a presa aos tentáculos de suas parceiras anêmonas!

São numerosos os exemplos de associações entre os demais metazoários (animais). O parasitismo, por exemplo, representa uma forma de vida que surgiu em diversos filos de forma independente. Entre os filos com espécies parasitas estão os Cnidaria, os Nematoda (as lombrigas), os Platyhelminthes (vermes achatados), os Annelida (sanguessugas), Arthropoda (insetos, crustáceos), Mollusca, peixes e muitos outros. Mesmo dentro de alguns filos, o parasitismo surgiu inúmeras vezes independentemente. Por exemplo, entre os crustáceos, o parasitismo surgiu em isópodes, branquiúros (piolho-de-peixe), cracas e diversas famílias de copépodes. O mesmo pode ser dito em relação a outros tipos de simbiose e predação.

Protistas podem ser parasitos, comensais, mutualistas, predadores de numerosos grupos taxonômicos e competem entre si e com espécies de outros grupos por alimento e espaço. Desviando do conceito tradicional de predador, no qual o predador é maior do que a presa, alguns protistas podem, até mesmo, predar espécies bem maiores do que eles. Esse é o caso do *Pfisteria piscicida*, um dinoflagelado bastante conhecido do litoral leste dos Estados Unidos. Essa espécie ocorre em diversas formas no meio ambiente, é predadora de outros protistas e mesmo de bactérias. Quando há um aumento na concentração de peixes em uma região (como um cardume), a concentração de excretas produzido por estes faz que o *P. piscicida*, em sua forma flagelada, produza compostos tóxicos que, liberados na água, tornam os peixes letárgicos. A toxina promove a destruição da epiderme do peixe, e o dinoflagelado se alimenta dos tecidos expostos. Quando o peixe morre, o estágio flagelado se modifica em uma forma amebóide, que se alimenta do restante da carcaça.

Plantas e fungos não fogem ao padrão. Muitas associações de todos os tipos se desenvolveram nesses dois grupos de organismos com os demais Eucarya e procariontes. Plantas predadoras, ou mais comumente chamadas de carnívoras, pertencem a diferentes ordens do grupo (por exemplo, Serraceniales, Nepenthales e Violales, entre outras), sugerindo que a origem desse tipo de associação seja múltiplo, tendo aparecido de modo independente cerca de seis vezes. Em geral, plantas carnívoras são encontradas em solos pobres em nutrientes. A captura e a digestão de animais, portanto, disponibilizam componentes necessários para o metabolismo desses organismos nesses ambientes de baixa fertilidade. Nitrogênio, fósforo, enxofre, potássio, cálcio e magnésio são reconhecidamente absorvidos das carcaças dos animais predados. Plantas carnívoras são conhecidas por predar sobretudo insetos, mas há registros de aranhas, minhocas, girinos e mesmo de peixes servindo de presa para diversas espécies!

Além dos exemplos de mutualismo já apresentados envolvendo espécies de plantas, muitas parecem ter adquirido o hábito de vida parasitário relativamente recente. Tal hábito é encontrado em espécies de cerca de quinze famílias de Angiosperma (plantas com flores), muitas representando origens independentes do hábito parasitário. De forma geral, plantas parasitas recolhem nutrientes, água ou seiva de seus hospedeiros através de uma ou de um conjunto de raízes modificadas conhecidas como haustórios. Essas raízes penetram ou se alojam próximo ao tecido vascular da planta hospedeira. Muitas perdem até a capacidade de realizar fotossíntese. Outras são crípticas, permanecendo dentro do tecido da hospedeira até a produção de flores. Satisfazendo a esses dois últimos exemplos, estão as espécies de *Rafflesia*, encontradas no Sudeste Asiático. Ao contrário do que ocorre na maioria das plantas, as *Rafflesia* spp. são parasitas de alta especificidade por espécies hospedeiras de *Tetrastigma* (outro gênero de Angiosperma). Esses parasitos não apresentam folhas, caule ou raízes. Suas flores atingem até 1 metro de diâmetro e cheiram como carne em decomposição para atrair seu principal polinizador, as moscas. Outras espécies parasitas são encontradas entre as famílias Cuscutaceae, Hydnoraceae, Loranthaceae e Scrophulariaceae, entre outras. Nenhuma monocotiledônea (por exemplo, capim), gimnosperma (como pinheiro) ou pteridófita (como samambaia) parasita é conhecida.

Entre os fungos, estabeleceu-se grande número de associações, envolvendo espécies de diversos grupos de outros organismos. Fungos podem ser, entre outros exemplos, parasitos de plantas e animais, predadores de protistas e nematóides, comensais de animais e plantas, mutualistas com formigas, cupins e outros insetos, mutualistas com plantas (micorrizas) ou formar os líquens, resultantes da simbiose com algas.

Alguns fungos apresentam mecanismos bastante sofisticados de captura de nematóides de solo. Nematóides podem ser imobilizados por redes adesivas, anéis passivos ou anéis de constrição, que se inflam na presença da presa, retendo-a em seu interior. Algumas espécies desenvolvem hifas que absorvem o conteúdo celular dos nematóides e outras apenas usam a matéria orgânica resultante da decomposição do nematóide para sua alimentação. A eficiência de captura é tão grande que algumas espécies têm sido utilizadas como meio de controle biológico de nematóides de plantas cultivadas.

Muitas espécies de cupins e formigas cultivam fungos como alimento em câmaras especiais de seus ninhos. Fungos e formigas têm uma longa história de associação. Estudos genéticos sugerem que, em alguns casos, as formigas são responsáveis pela perpetuação de espécies de fungos por mais de 23 milhões de anos. A interdependência entre os parceiros dessa relação mutualística é tão grande que formigas e fungos envolvidos nessa associação não sobrevivem na ausência do parceiro. Além disso, muitas espécies de fungos só são conhecidas de ninhos de formigas e cupins.

Plantações de fungos encontradas em formigueiro são mantidas, em geral, pelas operárias. Folhas cortadas da região vizinha ao ninho são carregadas para as câmaras de cultivo, cortadas em pedaços menores e mastigadas pelas formigas, formando uma "cama" de material semelhante à polpa. Sobre essa "cama", as formigas liberam secreções ricas em amônia e aminoácidos e colocam pedaços de plantações mais antigas de fungo. O fungo cresce nessas "camas" sob a permanente atenção das formigas, que limpam e removem organismos patogênicos, competidores ou predadores. A produção dos fungos é consumida pelas formigas da colônia.

Associações de fungos conhecidos como micorrizas e plantas existem em praticamente todas as espécies de plantas terrestres. Os fungos absorvem matéria orgânica produzida pela planta e, em contrapartida, ampliam a superfície de absorção de nutrientes pela planta ao produzir grande malha de hifas nas proximidades das raízes ou rizóides (no caso de briófitas). Acredita-se que, na ausência de micorrizas, muitas plantas não sobrevivam, mesmo em sua área de distribuição natural. A maioria dos solos é deficiente em um ou outro nutriente, mas a rede de hifas das micorrizas permite uma absorção mais eficiente, compensando essa carência. No Capítulo 5, iremos discutir um pouco mais sobre a influência que essa associação teve sobre a evolução das plantas terrestres.

Por último, um dos mais conhecidos tipos de associações mutualísticas, os líquens, resulta da associação íntima entre fungos e clorófitas (as algas verdes) ou cianobactérias (bactérias fotossintetizantes). As células das algas unicelulares ou das cianobactérias se alojam entre as hifas do fungo enquanto produzem compostos orgânicos, sobretudo açúcares, usados pelo fungo como alimento. Associações que denominamos líquens tiveram origem múltiplas vezes.

Todos esses exemplos deixam clara a extensão temporal e taxonômica das associações. É inevitável imaginar como esses eventos influenciaram a evolução orgânica e como as associações evoluem.

■

5 Relacionamentos e evolução

Algumas pessoas ainda questionam como, em um "curto espaço de tempo" – apenas 3,5 bilhões de anos – o processo de evolução criou espécies tão complexas quanto as existentes hoje. Tais pessoas ignoram que evolução não é um processo ao acaso. Como discutimos no Capítulo 2, a evolução ocorre dentro de limites modulados por sua história e sua conformação (por exemplo, morfologia, fisiologia, comportamento) atual. Além disso, associações entre linhagens diferentes podem representar "saltos" no processo evolutivo dos parceiros.

A princípio, cada linhagem evolutiva segue sua própria história e tem seu próprio destino. A fusão de linhagens em associações estáveis representa a fusão de características originadas de modo independente. Sem o estabelecimento dessas associações, muitas características biológicas não poderiam coexistir em uma unidade evolutiva, pois representam eventos evolutivos (aparecimento de uma novidade evolutiva) que ocorreram em momentos e locais distintos da árvore filogenética da vida. Associações conferem novas habilidades para um ou para ambos os componentes, abrindo novos caminhos evolutivos e ecológicos que não estariam disponíveis de outra forma. O produto final desses eventos é uma intensa permuta de habilidades (características biológicas) que já foram expostas ao processo de seleção natural. Características já "testadas", favorecidas e transmitidas pelo processo evolutivo, podem ser incorporadas a outras linhagens, muitas vezes alterando de modo significativo o destino dessa linhagem (no sentido dos caminhos que a linhagem pode seguir evolutivamente – ou, usando a analogia do Capítulo 2, abrindo ou fechando portas da sala evolutiva).

Talvez os eventos que melhor exemplifiquem a influência das associações sobre os destinos de linhagens evolutivas sejam aqueles que compõem a SET (Teoria da Endossimbiose Seriada) (ver Figura 5). Se as hipóteses dessa teoria estão corretas, e são amplamente sustentadaspor evidências diversas e experimentação, sem a associação histórica entre espécies os Eukarya não existiriam. A Terra provavelmente permaneceria um mundo procarionte, de bactérias e arqueias.

A extensão da fusão de linhagens procariontes que "produziu" o primeiro eucarionte não é totalmente clara, mas uma das hipóteses mais bem lastreadas da SET sugere que as organelas que denominamos mitocôndrias sejam procariontes que se associaram com ureucariontes unicelulares (organismos eucariontes antigos) há cerca de 1,6 bilhões de anos. Se o núcleo e o cílio tiveram a mesma origem, como sugerem alguns autores, então a importância das associações na definição da linhagem basal dos Eukarya torna-se ainda maior.

O ambiente terrestre, por cerca de 2 bilhões de anos desde a origem da vida, foi anaeróbico. Os organismos procariontes existentes nesse período realizavam metabolismo exclusivamente anaeróbico. Há 2 bilhões de anos, procariontes fotossintetizantes começaram a produzir oxigênio em uma taxa suficiente para permitir seu acúmulo gradativo na atmosfera terrestre. O oxigênio inibe o crescimento e pode mesmo causar a morte por intoxicação de organismos anaeróbicos; portanto, o aumento gradativo da concentração desse gás se tornou um fator limitante à distribuição desses organismos sobre o planeta.

Entretanto, há 1,6 bilhão de anos, um evento de associação interespecífica resultou na primeira célula (espécie) eucarionte, equipada não só para sobreviver na presença de oxigênio, mas para utilizá-lo em uma cadeia de reações de maior eficiência na produção de energia. Um pouco depois, ainda nesse período de tempo, cianobactérias e espécies da linhagem eucarionte iniciaram novas associações, como vimos nos capítulos anteriores, originando, mediante um processo conhecido como endossimbiose primária, linhagens de organismos eucariontes fotossintetizantes. Endossimbioses secundárias e terciárias transmitiram para outras linhagens eucariontes a habilidade de fotossintetizar.

É evidente como esses acontecimentos modificaram os processos biológicos e não biológicos que se seguiram. A concentração de oxigênio atmosférico e aquático, com o aumento de organismos fotossintetizantes, ampliou-se consideravelmente, em particular por volta de 500 milhões de anos atrás, expandido os ambientes passíveis de colonização pela nova linhagem de organismos aeróbicos. Nessas condições, procariontes aeróbicos e eucariontes explodiram em diversidade, ocupando, com o tempo, praticamente todos os principais hábitats do planeta!

A importância das associações como um mecanismo de mudança evolutiva rápida não se limita à origem dos eucariontes. Associações parecem ter ajudado a definir caminhos da evolução dos procariontes antes mesmo dos eventos descritos anteriormente, e parecem ter influenciado os destinos e a origem de inúmeras linhagens de Eukarya. A compreensão do significado desse tipo de evento no processo de evolução está promovendo maior entendimento sobre a história da diversificação dos organismos no planeta.

Por exemplo, há cerca de 400-500 milhões de anos, as plantas colonizaram o ambiente terrestre. No ambiente aquático, nutrientes são disponibilizados diretamente da água, e, na maioria dos casos, praticamente toda a superfície da planta age na absorção desses compostos químicos. A movimentação da água renova a disponibilidade de nutrientes ao redor de plantas aquáticas. No ambiente terrestre, os nutrientes essenciais ao metabolismo de plantas estão presentes em maior concentração no solo, e, portanto, órgãos especializados realizam essas funções: raízes nas plantas superiores e rizóides nas briófitas. Todavia, praticamente todos os solos apresentam algum tipo de deficiência de nutrientes. Essa foi uma enorme barreira para que as plantas colonizassem, a partir de ambientes aquáticos, o meio terrestre. Muitos autores atualmente consideram que a associação planta–micorriza foi um dos fatores mais importantes no sucesso dessa colonização.

A associação planta–micorrizas é, assim, capaz de explorar de modo mais adequado os recursos nutritivos e hídricos disponíveis em uma área, pois há aumento significativo da área de absorção. As micorrizas ainda são capazes de disponibilizar fósforo, que, de outra forma, estaria imobilizado na matéria orgânica do solo para a planta.

A associação facilitou, ainda, a colonização de novos ambientes em terra, tornando acessíveis novas regiões para a dispersão das plantas. Esses eventos parecem ter favorecido o aumento da diversificação de planta terrestres.

Outra associação mutualística de plantas parece ter facilitado, de modo semelhante, a grande dispersão e diversificação observada em plantas da família Fabaceae (leguminosas). Espécies dessa família, cerca de 18 mil, são amplamente distribuídas no planeta, o que a torna uma das

Angiospermas mais ricas em número de espécies, o que se deve, ao menos em parte, a uma associação com bactérias nitrificantes do gênero *Rhizobium*.

O nitrogênio é um dos mais importantes nutrientes para as plantas. Apesar de amplamente disponível na atmosfera, as plantas são incapazes de fixar nitrogênio atmosférico gasoso. As espécies de *Rhizobium* podem. A reação que permite a fixação de nitrogênio atmosférico em amônia só ocorre na ausência de oxigênio. Assim, bactérias desse grupo são mantidas em nódulos anaeróbicos nas raízes das fabáceas. As bactérias fixam o nitrogênio na forma de amônia utilizada pela planta. Evidentemente, a habilidade dessas bactérias confere enorme potencial de colonização de solos pobres em nitrogênio. Existem associações semelhantes entre outros grupos de plantas e bactérias, em especial cianobactérias.

Plantas terrestres provavelmente representaram um recurso alimentar fundamental para as espécies de animais que as seguiram na colonização do meio ambiente terrestre. Elas representavam um alimento de alto valor energético e um recurso abundante para os recém-chegados animais. Esse recurso, entretanto, encontra-se no interior da célula vegetal, protegido por uma parede celular composta sobretudo de celulose. A celulose é um polímero, um polissacarídeo da glicose. Apesar de ser um açúcar, a digestão dessa molécula é difícil e apenas algumas espécies de animais são capazes de quebrar a parede celular de plantas e ter acesso aos recursos do citoplasma. A própria celulose, se digerida, apresenta alto valor energético.

Algumas espécies de bactérias e protistas são capazes de sintetizar a celulase, uma enzima que quebra a molécula da celulose. Na maioria dos animais, é o mutualismo com esses microrganismos que permite o aproveitamento desse enorme recurso nutritivo terrestre. Essa simbiose é comum em insetos, provavelmente o primeiro grupo a colonizar o ambiente terrestre, crustáceos, moluscos e mamíferos (em especial ruminantes). O sucesso desses grupos no ambiente terrestre por certo está relacionado a essa habilidade adquirida por meio desse mutualismo.

Mais uma vez, assim como no caso da foto autotrofia, a habilidade de um conjunto de espécies de microrganismos, no caso da herbivoria, é incorporada numerosas vezes na história evolutiva da vida. Enquanto essas associações mutualísticas são claramente convergentes, a evolução da capacidade de sintetizar celulase evoluiu em um número menor de linhagens.

Associações podem, ainda, influenciar, intensificando ou reduzindo as pressões seletivas impostas pelo entorno para um ou para ambos os parceiros, modulando as mudanças e, portanto, o destino evolutivo das linhagens envolvidas.

A redução das pressões seletivas em virtude do compartilhamento de funções, característica de associações simbióticas, parece estar associada à generalização proposta por pesquisadores no passado de que comensais e parasitos são organismos morfologicamente "degenerados", resultado de evolução regressiva, por meio da perda de estruturas. Daniel R. Brooks e Deborah McLennan, da Universidade de Toronto (Canadá), têm testado algumas dessas generalizações, ou mitos, sobre simbiontes com metodologia científica. A conclusão deles é de que não há evidências de que a evolução desses grupos de organismos tenha ocorrido mais por perda do que por ganho de caracteres. A generalização é, portanto, incorreta.

Acredito que esse pré-conceito venha das observações de pesquisadores do passado que, ao estudar parasitos, notavam a ausência de estruturas comumente encontradas em animais e em outros organismos de vida livre, como olhos, apêndices e pêlos. A ausência de caracteres, no entanto, pode ter duas origens: 1) o caráter nunca esteve presente na linhagem dos organismos estudados (por exemplo, Platyhelminthes não têm membros para locomoção porque essas estruturas nunca estiveram presentes em seu ancestral); ou 2) por terem sido de fato perdidos evolutivamente (por exemplo, as serpentes não têm membros como seus ancestrais e demais grupos filogeneticamente próximos por causa da perda destes no processo evolutivo). É preciso distinguir essas duas situações.

Por outro lado, simbiontes compartilham habilidades em comum e isso parece ter "minimizado" a pressão de seleção sobre um ou sobre ambos os membros. Portas da sala evolutiva, fechadas para uma espécie antes do estabelecimento da associação, podem abrir-se com seu estabelecimento. Um exemplo clássico, já discutido, é a perda do trato digestivo das tênias, os cestóides. Apesar de ser um órgão vital para a realização da digestão dos alimentos, sua perda não promoveu a extinção do ancestral dessa linhagem, pois o hospedeiro, em geral um vertebrado, passou a "assumir" essa função para seu parasito.

Situação análoga ocorreu com espécies de Pogonophora. Os pogonóforos carecem de trato digestivo e, por serem de vida livre, pesquisadores buscavam entender como esses organismos obtinham o material nutritivo para sua manutenção. Apenas recentemente descobriu-se que a nutrição desses organismos era totalmente dependente de uma associação mutualística. Pogonóforos habitam regiões oceânicas profundas, de até 2.600 metros de profundidade. Nessa profundidade, a fotossíntese é impossível, em virtude da completa absorção da energia luminosa nos primeiros metros de água na superfície. Entretanto, regiões habitadas pelos pogonóforos abundam em vida, rodeando fontes hidrotérmicas, de onde aflora água rica em sulfeto de hidrogênio e aquecida pelas rochas da crosta terrestre. Associadas a células especializadas dos pogonóforos (trofossomas), localizadas em uma região anterior denominada pluma, encontram-se bactérias quimiossintetizantes capazes de utilizar a energia contida na molécula de sulfeto de hidrogênio para produzir matéria orgânica a partir do gás carbônico. A perda do trato digestivo de pogonóforos parece, portanto, ser posterior ao início dessa associação, pois, sem ela, a perda do trato digestivo certamente levaria a linhagem à extinção.

Muitos outros grupos taxonômicos são reconhecidos atualmente como originados da perda de características primitivas, em virtude da redução da pressão seletiva sobre determinados órgãos ou funções vinculados a uma associação. Portanto, apesar de realmente existir maior possibilidade de evolução porque ocorre perda de caracteres em organismos simbiontes, todos apresentam características evolutivas novas (novidades evolutivas) que, em geral, não estão presentes em nenhum outro grupo filogeneticamente próximo. Devido a isso, por anos, a posição filogenética de diversos grupos foi questionada. Esses grupos não compartilhavam macrocaracterísticas que poderiam indicar seu parentesco com grupos mais bem conhecidos. Com o desenvolvimento da tecnologia molecular, todavia, foi possível detectar semelhanças nas sequências de DNA entre esses e outros táxons e reavaliar a posição filogenética desses grupos e o significado de sua morfologia.

Talvez um dos grupos que melhor exemplificam esse caso seja o do Myxozoa. Myxozoa é um grupo de organismos exclusivamente parasitos, encontrados sobretudo em peixes e em alguns grupos de tetrápodes. A história do grupo é, no mínimo, curiosa. O Myxozoa foi considerado, durante um longo tempo, um Protista (Protozoa), mas a maioria dos especialistas concorda que representem um grupo "degenerado" de animal.

De fato, o Myxozoa não é um organismo unicelular. Ele é composto por poucas células diferenciadas (em torno de cinco) e com funções distintas. A sua posição filogenética entre os animais ainda não está muito clara, mas estudos usando ultraestrutura e sequência de DNA sugerem que sejam membros do mesmo grupo das anêmonas e das águas-vivas (Cnidaria), ou filogeneticamente próximos de animais bilaterais (como Nematoda e Platyhelminthes).

O que parece ter permitido a evolução da arquitetura corporal dos mixozoários é a simplificação estrutural possível dado seu hábito como parasito. A redução do número e dos tipos celulares nessa linhagem parasita parece estar diretamente relacionada à redução de pressões seletivas, comparativamente aos seus ancestrais de vida livre.

Há inúmeros exemplos de táxons tão peculiares quanto este, que têm intrigado pesquisadores ao longo dos tempos. Entre eles estão outros grupos animais, como Polypodium, Acoela, Rhombozoa, Orthonectida, Pentastomida e outros. Apicomplexa, um grupo de protistas parasitos obrigatórios do qual faz parte o parasito causador da malária, tem sido estudado de modo intenso por especialistas de todo o mundo, mas nenhum deles poderia imaginar que esses organismos representam descendentes de uma linhagem de algas unicelulares que se tornou parasita obrigatório. Os apicomplexos apresentam um plastídeo não funcional que expõe seu passado fotossintetizante!

Mas os organismos que demonstram as modificações mais dramáticas associadas à liberação de pressão seletiva vinculada a associações são os vírus. Com frequência acusados de não serem organismos vivos, os vírus aparentemente representam uma ou mais linhagens de organismos que, ao se tornar parasitos, perderam muitas das características de uma célula. Os vírus não dispõem mais do aparato celular associado à síntese de compostos orgânicos nem à reprodução. Portanto, dependem do aparato celular das células de seus hospedeiros para se perpetuar. Todavia, têm sua informação genética própria, na forma de DNA ou RNA, o que sustenta sua associação histórica com linhagens orgânicas. Vírus, portanto, são, ao contrário do que alguns insistem em negar, vivos. São produto do processo de evolução e provavelmente derivam de espécies de vida livre capturadas na armadilha da dependência acumulada pelo hospedeiro.

A evolução redutiva, contudo, não é a forma de evolução que prevalece entre os organismos simbiontes. A redução da pressão de seleção, deve-se ressaltar, permite, mas não determina, a perda de órgãos e funções vitais de animais simbiontes. Entre as fascíolas (Trematoda Platyhelminthes), há espécies que retêm os ocelos mesmo nas formas adultas que habitam o intestino de vertebrados, onde a habilidade de detecção de luz é irrelevante. A redução da pressão seletiva sobre essa capacidade, entretanto, é minimizada, e algumas linhagens desses animais puderam perder os ocelos sem prejuízos à sua sobrevivência e continuidade.

Algo bastante semelhante ocorreu no mutualismo entre um camarão e um peixe gobídeo, comumente observado em regiões coralinas. O camarão é cego e o gobídeo é incapaz de cavar uma toca para sua proteção. A associação provavelmente permitiu que historicamente o camarão se tornasse o "cavador" do gobídeo e o gobídeo se tornasse os olhos do camarão. Nesse exemplo, a liberação da pressão seletiva atuou sobre as duas espécies, curiosamente eliminando redundância de órgãos e funções.

Os processos de redução da pressão seletiva de ambas ou de uma das espécies associadas podem ter um preço evolutivo bastante alto, o perigo da extinção. Apesar de mudanças aparentemente deletérias não promoverem necessariamente a extinção de linhagens simbiontes, seus parceiros podem acumular interdependências ao longo da história evolutiva. Com o tempo, um ou ambos os parceiros podem se tornar tão dependentes um do outro que a associação passa a ser obrigatória e os organismos não podem mais sobreviver sozinhos. O termo técnico empregado para esse tipo de evento (ou conjunto de eventos) é *especialização*. A especialização pode representar um beco sem saída e aumentar a possibilidade de extinção de um dos associados.

Predadores que se tornam altamente especializados em uma espécie de presa são suscetíveis a variações de disponibilidade dessa espécie, o que também ocorre com parasitos, comensais e mutualistas.

Em parasitologia, o termo usado para especialização é *especificidade parasitária*. A especificidade parasitária relaciona-se ao número de espécies de hospedeiros utilizadas por determinada espécie parasita. *Lernaea cyprinacea* é uma espécie de crustáceo parasito (Copepoda Crustacea) originário da Ásia, recém-introduzida no Brasil pela importação de carpas usadas na piscicultura. A lernea é uma espécie de baixa especificidade parasitária, sobrevivendo e reproduzindo em um grande número de espécies de peixes. Assim, apesar de ter sido introduzida em um novo continente, rapidamente "colonizou" espécies nativas de peixes de nossos rios e atualmente é encontrada em muitas bacias hidrográficas brasileiras. O aumento do número de possíveis hospedeiros no novo ambiente minimiza o risco de extinção, que seria maior se esse parasito dependesse apenas de uma única espécie de peixe introduzida.

Em contrapartida, estudos desenvolvidos com corvinas de água doce (também conhecidas como pescada do Piauí) sugerem que seus parasitos monogenóideos (um grupo de platielmintes parasitos branquiais) apresentam alta especificidade parasitária, sendo parasitos de uma ou de poucas espécies de peixes hospedeiros da mesma família (Sciaenidae). As corvinas, assim como as carpas, têm sido translocadas para ambientes onde não ocorrem naturalmente para piscicultura e peixamento de represas açudes. As corvinas, em sua área de distribuição natural (por exemplo, a Bacia Amazônica), apresentam relativamente alta riqueza de espécies de parasitos monogenóideos. Nas áreas onde foram introduzidas, todavia, são encontradas apenas poucas espécies, em geral uma ou duas. Acredita-se que a maioria das espécies parasitas desses peixes em ambientes fora de sua área de distribuição natural tenha sofrido extinção local, associada ao pequeno número de hospedeiros disponíveis, em especial no início dos processos de introdução desses peixes nos reservatórios. Como essas espécies apresentam alta especificidade parasitária, provavelmente foram incapazes de parasitar outras espécies de peixes locais. Associações que implicam o prejuízo de pelo menos um dos parceiros parecem, também, gerar mudanças evolutivas influenciadas pela pressão recíproca e contínua. Mudança da conformação das espécies evolvidas, extinção de uma ou de ambas as espécies e mesmo divergência de linhagens evolutivas são alguns dos resultados possíveis.

A competição entre as espécies tem sido aclamada por especialistas como um mecanismo de seleção que pode induzir duas linhagens evolutivas a mudanças que resultem na redução da competição ou mesmo na extinção de uma delas. Quando duas espécies simpátricas competem por determinado recurso, existem dois resultados teóricos possíveis. Em uma das alternativas, o processo de seleção natural beneficiaria os indivíduos das espécies competidoras que apresentem características que permitam o uso de recursos não compartilhados com a outra espécie. O resultado desse processo seria a divergência no uso de recursos e subsequente redução da pressão competitiva. Esse processo, conhecido como partição de recursos, permitiria a coexistência dessas espécies.

Outro resultado alternativo do processo competitivo é a extinção de uma das espécies mediante um processo evolutivo/populacional denominado exclusão competitiva. A espécie competitivamente mais forte triunfaria sobre a mais fraca, levando-a à extinção. A exclusão competitiva é adotada para explicar a diversidade relativa de mamíferos placentários e marsupiais na América do Sul. Os placentários são os mamíferos que carregam seu embrião no útero utilizando a placenta para sua alimentação, e os marsupiais incluem as espécies que incubam seus embriões em bolsas especiais em seu corpo, como os cangurus e os gambás. Durante cerca de 40 milhões de anos, o continente sul-americano esteve isolado da América do Norte e desenvolveu uma fauna única e abundante de marsupiais. Com a elevação do istmo do Panamá, há cerca de 3-4 milhões de anos, espécies de mamíferos placentários puderam migrar para o sul, invadindo a região Neotropical. Por alguma característica que lhes conferiu superioridade competitiva, os recém-chegados mamíferos placentários foram capazes de excluir um grande número de linhagens de marsupiais.

Em associações do tipo amensalismo, a pressão seletiva de uma espécie sobre outra (reveja o conceito de amensalismo nos capítulos anteriores) pode estar envolvida na mudança evolutiva da espécie exposta ao impacto negativo de outra. Os resultados possíveis são semelhantes aos anteriores: mudanças, como a consequência da seleção de caracteres que confiram a resistência ao impacto causado pela espécie "agressora", ou extinção, pela eliminação da espécie "agredida". Alelopatia e antibiose são características consideradas exemplos de amensalismo, apesar de apresentarem evidências de que um dos parceiros está sendo beneficiado pela redução na competição por recursos. Alelopatia é a produção de compostos químicos por uma espécie de planta que inibe o crescimento de outras plantas nas proximidades. Uma espécie nessa associação é claramente prejudicada, pois o químico impede seu crescimento na proximidade do outro parceiro, que é claramente beneficiado com essa minimização ou mesmo com a eliminação da competição. Isso também pode ser dito sobre a antibiose. Alguns fungos secretam compostos, denominados antibióticos, que impedem o crescimento de bactérias e mesmo de outros fungos.

Apesar de talvez não representarem exemplos de amensalismo que se enquadrem no conceito (o que não é nada estranho, como visto no Capítulo 3), esses relacionamentos, em especial o de produção de antibióticos, representam excelentes exemplos de como associações podem influenciar a história evolutiva de uma espécie.

A descoberta da penicilina no século XX, por Alexander Flemming, representou enorme progresso para a medicina humana. Doenças de origem bacteriana puderam ser combatidas com enorme eficiência; muitas dessas doenças eram mortais ao ser humano no passado, como a tuberculose. O uso indiscriminado e inadequado desse e de outros antibióticos, entretanto, promoveu a seleção de cepas resistentes de bactérias patogênicas. Atualmente, linhagens de diversas espécies de bactérias são resistentes à penicilina, apesar de terem sido tratadas com sucesso com esse antibiótico no passado.

Associações que implicam o prejuízo de um dos parceiros e o favorecimento de outro (parasitismo e predação) também geram mudanças evolutivas, influenciadas pela pressão recíproca e contínua. Em geral, tais mudanças favorecem a minimização da influência negativa do parceiro (a presa e o hospedeiro) e aumentam a capacidade de predação (predador) e de sobrevivência (parasito).

O estudo sobre a influência mútua entre presas e seus predadores vem sendo realizado em especial com o uso de modelos matemáticos, que permitem prever a variação de características das populações de presas e predadores envolvidas nessa associação. Conforme esses estudos, associações do tipo predação podem induzir um processo cíclico de resposta evolutiva entre seus componentes. No relacionamento predador–presa será favorecido aquele indivíduo predador que apresentar características que conferem maior eficiência na captura e na imobilização da presa. Por outro lado, na população da presa, serão favorecidos os indivíduos que apresentam características protetoras ou que permitam a fuga dos predadores.

Exemplos de como a evolução de caracteres de espécies de presas pode ser influenciada pela pressão seletiva representada pelo predador são relativamente abundantes. Por exemplo, o aumento da espessura da concha de algumas espécies de caramujos parece representar o resultado da pressão de seus predadores, por exemplo, caranguejos. Evidentemente, caranguejos (e outros predadores de caramujos) precisam quebrar a concha para ter acesso ao corpo mole de sua presa. Pelo processo de seleção natural, a frequência de caramujos com concha fina tenderia a se reduzir geração após geração.

As características de organismos predadores também são influenciadas por suas presas. Um exemplo que evidencia essa influência está associado ao desenvolvimento de resistência química de predadores de espécies tóxicas. Serpentes de jardim (*Thamnophis sirtalis*) são os únicos predadores capazes de consumir *Taricha granulosa*, uma espécie de salamandra altamente tóxica para as outras espécies. A aparente pressão mútua entre as espécies é observada na variação geográfica da potência da toxina e da resistência da serpente. Em regiões onde a toxina da salamandra é mais potente, a resistência da serpente a essa toxina é maior; em regiões onde a toxina é menos potente, a resistência é menor.

Apesar de alguns autores acreditarem que a predação pode causar a extinção de populações de presas apenas quando estas forem pequenas e de distribuição limitada, há resultados mais recentes que sugerem que esses pré-requisitos não são necessariamente obrigatórios. O dingo, *Canis lupus dingo*, o cão australiano, foi introduzido na Austrália há cerca de 3.500 anos. Sua pressão de predação é considerada, em conjunto com outros fatores, entre os quais a pressão de caça por humanos (que nada mais é do que outra espécie predadora), responsável pela extinção do galo-da-tasmânia (*Gallinula mortierii*) nessa ilha-continente. A mesma espécie de presa não foi extinta na Tasmânia, onde o dingo não foi introduzido.

A influência mútua entre hospedeiros e parasitos no processo de mudança evolutiva é bem estudada e conhecida. Na população de hospedeiros, a resistência, com frequência traduzida na habilidade imunológica de eliminar ou de impedir a instalação do parasito, é favorecida e selecionada pelo processo evolutivo. Na população de parasitos, indivíduos de maior capacidade para evadir aos "ataques" do hospedeiro apresentam maior habilidade de sobreviver e, portanto, de transmitir essa habilidade para seus descendentes. Assim, parasitos apresentam diversas estratégias para sobreviver em um hospedeiro imunocompetente. Alguns invadem o citoplasma de células do hospedeiro (parasitos intracelulares), não se expondo diretamente ao sistema imune de seu hospedeiro (como espécies de *Plasmodium*, agentes causadores da malária). Outros se escondem sob uma camada e proteínas sequestradas do próprio plasma do hospedeiro e, portanto, não são reconhecidos como um corpo estranho, não estimulando a resposta imune. Tripanossomos, entre os quais estão alocadas espécies de parasitos causadores de doenças humanas importantes (por exemplo, Mal de Chagas, leishmaniose), podem modificar os antígenos de sua superfície corporal tão rapidamente que o sistema imune do hospedeiro não tem tempo de desenvolver uma defesa específica a ele.

Apesar de não ser aparentemente um evento comum, parasitos parecem também ser capazes de induzir seus hospedeiros à extinção. Espécies de caramujos terrestres do gênero *Partula* são endêmicas de ilhas do Pacífico Sul. A introdução pelo homem de outra espécie de molusco predador promoveu a rápida redução das populações locais de espécies *Partula* e diversas espécies sobrevivem apenas em condições controladas de cativeiro. Estima-se que doze espécies, das vinte mantidas em cativeiro em diversas instituições, encontram-se extintas em seu ambiente natural. Uma população de *P. turgida* mantida em cativeiro na Inglaterra foi extinta pela ação de um microsporídeo. Apesar de esse ser o único exemplo publicado de extinção pela ação direta de um agente patogênico, há exemplos de extinção de espécies indiretamente ligada à ação de parasitos.

Entre 1930 e 1933, *Zostera marina*, uma gramínea marinha, teve suas populações reduzidas em aproximadamente 90% no Atlântico norte por causa de uma epizootia (parasitismo) pela ameba *Labyrinthula zosterae*. A zostera marina sobreviveu à epizootia em áreas de baixa salinidade, onde a ameba não ocorre, mas uma espécie de caramujo, que vive apenas sobre Z. *marina,* sofreu extinção logo após a redução das populações naturais dessas plantas.

Pesquisas relativamente recentes parecem ter detectado um tipo de influência de um organismo simbionte sobre a evolução de seu parceiro, bastante distinta daquelas descritas até aqui. As *Wolbachia* spp. são espécies de bactérias parasitas intracelulares encontradas em diversos grupos animais, em especial artrópodes. Acredita-se que cerca de 20%-75% das espécies de insetos sejam parasitadas por *Wolbachia*. Essas bactérias são, ainda, encontradas em Arachnida, Isopoda e Nematoda.

Espécies de *Wolbachia* são transmitidas entre as gerações de hospedeiros por ovos contaminados. Tal bactéria pode induzir uma série de modificações reprodutivas em seus hospedeiros: 1) morte de indivíduos machos; 2) feminilização de machos; 3) indução de partenogênese; e 4) incompatibilidade citoplasmática entre gametas. Entre tais induções, a incompatibilidade parece ter influenciado positivamente a especiação nos grupos parasitados. Embriões resultantes da cópula entre machos infectados com *Wolbachia* e fêmeas não parasitadas (e vice-versa) não são viáveis e morrem no início de seu desenvolvimento, o que também ocorre se machos e fêmeas forem infectados por cepas distintas de *Wolbachia*.

O isolamento reprodutivo é um critério fundamental no processo de especiação. Isoladas, duas populações de uma mesma espécie poderão se diferenciar geneticamente, originando novas espécies com o tempo. Uma das formas mais comuns de isolamento reprodutivo é associada à formação de barreiras geográficas que impedem o contato entre indivíduos das duas populações vizinhas, por exemplo. Espécies de *Wolbachia*, entretanto, podem induzir o isolamento reprodutivo mesmo que indivíduos de populações vizinhas estejam em contato. Apesar de machos e fêmeas de populações distintas poderem copular, se apenas uma das populações estiver parasitada por *Wolbachia*, os embriões resultantes não serão viáveis. Tem-se resultado semelhante se os indivíduos das duas populações tiverem cepas diferentes de *Wolbachia*. Muitos autores acreditam que a riqueza de espécies de alguns grupos de insetos (por exemplo, formigas) possa estar associada a esse isolamento reprodutivo induzido pelo parasitismo.

Como já sabemos, apesar de relacionamentos serem estudados, em geral, para pares de espécies, esse é apenas um artefato metodológico, que simplifica o estudo em si. Nenhuma espécie se relaciona apenas com outra, mas com um grande número de outras, em uma rede complexa de associações/relacionamentos.

Assim, a evolução de uma espécie é influenciada por toda essa rede de associações e, em consequência, por pressões seletivas de distintas intensidade e qualidade. Para descrever essa enorme complexidade de pressões de origem biológica na evolução das espécies, Leigh van Valen, em 1973, propôs a hipótese da Rainha Vermelha.

A Rainha Vermelha, à qual faz alusão essa hipótese, se baseia no personagem homônimo do livro *Alice através do espelho* de Lewis Caroll, mesmo autor de *Alice no país das maravilhas*. Neste livro, no mundo visitado por Alice em seus sonhos, assim como no espelho, tudo é ao contrário. Esquerda é direita, o que é reto fica curvo, progresso só pode ser atingido andando-se no sentido oposto, montanhas se tornam vales e vales, montanhas. Ao encontrar Alice, a Rainha Vermelha diz para Alice: "Now, here, you see, it takes all the running you can do to keep in the same place".[1]

Essa hipótese traduz os conceitos que pretendo repassar neste livro. Se existe uma rede de relacionamentos, então uma mudança em um dos vértices da rede (um dos associados) deverá se refletir na mudança da pressão seletiva nos demais vértices da rede (demais espécies). Como alguns relacionamentos ou associações são mais intensos e íntimos do que outros, a mudança da pressão seletiva não se reflete da mesma forma em todos os vértices. A alusão à Rainha Vermelha sugere que uma espécie, para continuar a existir, precisa ser capaz de responder evolutivamente a essas mudanças contínuas de pressões seletivas, oriundas do processo evolutivo de seus associados e de seus respectivos associados. Ela não pode "parar" evolutivamente, pois isso representaria a eventual extinção da espécie.

Vamos tomar como exemplo, mais uma vez, o cupim e suas relações e associações. Outra vez é importante lembrar que esse é um exemplo baseado no mundo real, excessivamente simplificado, pois não considera outras associações

1 "Aqui, você sabe, é preciso correr o máximo possível para permanecer no mesmo local."

diretas e indiretas que envolvem o cupim e outros indivíduos usados ali. Lembre-se de que as mudanças que postulamos aqui são evolutivas e só ocorrem durante o período de vida de diversas gerações. Mais uma vez, as coisas não são tão simples nem tão imediatas como pode parecer à primeira leitura.

Digamos que uma mudança evolutiva se fixou na espécie representada pela árvore do exemplo, tornando o córtex da raiz tão denso que a micorriza é incapaz de penetrá-lo com suas hifas e estabelecer uma associação fisicamente íntima. Essa mudança pode impedir o estabelecimento da associação mutualística e prejudicar de modo sensível a absorção de água e nutrientes essenciais para a planta. Limitada em sua habilidade de absorver esses compostos do solo, a espécie de árvore pode ficar limitada (sobreviver em) a ambientes com solos ricos em água e nutrientes. Se as associações apresentadas no exemplo ocorrem em uma ambiente como o Cerrado brasileiro (era esse o ambiente que eu tinha em mente quando o idealizei), o recurso representado pela árvore deixa de estar disponível ao cupim e a seus simbiontes. A pressão seletiva imposta pela mudança evolutiva na árvore irá selecionar cupins que tenham a habilidade de usar a madeira de outra espécie local de árvore. Se essa habilidade existe nas populações originais de cupim (e em seus microrganismos simbiontes), pode se fixar nas gerações subsequentes, e a associação cupim/flagelados não será, de modo necessário, extinta.

Simultaneamente (lembre-se de que este é um exemplo fictício), a população do Inseto 1 sofre grande impacto local com a extinção local de seu recurso alimentar, a espécie de árvore. A redução da população local desse inseto se reflete na redução de um dos itens alimentares do Tamanduá (uma mudança da pressão seletiva que esse animal deverá "compensar", assim como o cupim, utilizando outros recursos locais) e, em consequência, na redução ou na eliminação do parasitismo pelo Acantocéfalo (do qual o Inseto 1 é hospedeiro intermediário). Digamos que o Acantocéfalo seja uma espécie ligada diretamente à regulação da população do Tamanduá – controlando o número de animais na população por causar a morte de indivíduos mais fracos. Sua ausência irá se refletir, provavelmente, no aumento da população local de Tamanduá, que irá, por sua vez, se refletir de modo direto no aumento da pressão de predação sobre as colônias de cupins. O sistema cupim/flagelados está, agora, exposto a pressões seletivas distintas e simultâneas (redução de recurso alimentar e aumento da predação!). Usando licença poética e analogias para concluir estes parágrafos, a Rainha Vermelha diria: "Ou o cupim corre ou ele perde o lugar" (entra em extinção).

QUADRO 3
CONCLUSÕES GERAIS DO CAPÍTULO

- Associações podem influenciar o processo de evolução pela fusão de linhagens e de habilidades, pela indução ao isolamento reprodutivo, ou pelo aumento ou redução da pressão seletiva;
- A sobrevivência de linhagens evolutivas depende de sua habilidade em lidar com mudanças nas outras linhagens da rede de relacionamentos/associações.

■

6 Evolução dos relacionamentos

O estudo da evolução de relacionamentos – denominado coevolução, por uns, ou associação histórica, por outros – é subdividido em duas subáreas denominadas coadaptação e coespeciação. Alguns autores ainda adotam o termo coevolução como sinonímia de coadaptação. Assim, é importante, antes de iniciar a leitura de um texto, distinguir exatamente em que contexto o termo é utilizado. A coadaptação trata do estudo da adaptação ou da acomodação recíproca entre espécies associadas. Exemplos já foram apresentados em diversos capítulos anteriores (ver Capítulo 5). A coadaptação é a resultante da influência recíproca dos parceiros, levando à estabilização ou à acomodação das espécies em associação. Entre os exemplos mais usados de coadaptação, além daqueles já discutidos, está o equilíbrio dinâmico entre resistência do hospedeiro e patogenicidade do parasito. Ela é resultante da pressão seletiva recíproca e contínua entre associados. Coadaptação é um estudo microevolutivo que se preocupa com o conjunto de eventos que ocorrem em populações em apenas algumas gerações.

Coespeciação, por outro lado, relaciona-se a eventos macroevolutivos, eventos que envolvem mudanças das espécies (especiação), seu relacionamento (proximidade evolutiva) e a história evolutiva. Como o próprio nome já define, os parceiros especiam juntos. Isso pode ocorrer quando uma espécie acompanha os "passos" de um parceiro, ou porque os dois parceiros são influenciados pelo mesmo evento ou seguem os "passos" de um terceiro.

Um conjunto de espécies endoparasitas, por exemplo, que habitam o intestino de uma espécie de hospedeiro vertebrado, está potencialmente exposto aos mesmos eventos que podem levar seu hospedeiro à especiação aditiva, formando duas espécies. Vejamos um cenário simples (Figura 6). Uma espécie de hospedeiro (círculo cinza) é parasitado por três espécies de endoparasitos (losango, triângulo e círculo pequeno). Um evento geográfico, por exemplo, pode ter isolado duas populações desse hospedeiro, facilitando a especiação e a origem de duas espécies-filhas: o círculo branco e o círculo preto. O evento de especiação da espécie hospedeira representa um evento de isolamento das populações de seus endoparasitos que resultou, no exemplo, na especiação das três espécies (linhagens) de parasitos. A especiação do hospedeiro foi facilitada por eventos geográficos e esta influenciou a especiação das três espécies de parasitos. Nesse caso, os parasitos "acompanharam" a especiação do hospedeiro.

A mesma figura poderia ser explicada se todas as espécies fossem, por exemplo, mutualistas que tiveram suas populações fragmentadas (separadas) por um evento geográfico único. As quatro espécies estariam respondendo a um evento único e não, necessariamente, uma à outra. Elas coespeciaram, apresentando o mesmo padrão de relação entre suas espécies (Figura 6A).

Entretanto, associações podem ter origens históricas diferentes de coespeciação. A Figura 6B é a representação gráfica desses possíveis eventos. Quando uma linhagem

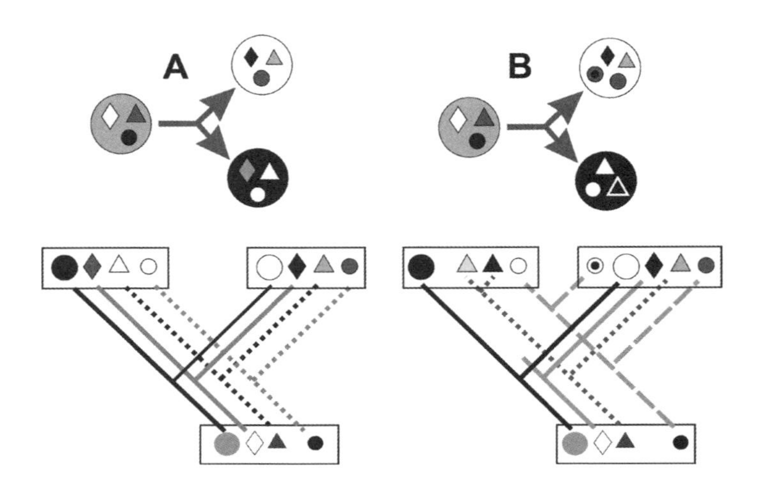

FIGURA 6. EVENTOS ASSOCIADOS AO PROCESSO DE COEVOLUÇÃO. OS CÍRCULOS MAIORES REPRESENTAM ESPÉCIES DE HOSPEDEIROS E AS FIGURAS DENTRO DESTES, ESPÉCIES DE PARASITOS. FIGURA 6A. AS ASSOCIAÇÕES PARASITO-HOSPEDEIRO SÃO TOTALMENTE EXPLICADAS POR EVENTOS DE COESPECIAÇÃO. FIGURA 6B. O RELACIONAMENTO PARASITO-HOSPEDEIRO É RESULTANTE DE COESPECIAÇÃO E DE OUTROS EVENTOS (DUPLICAÇÃO, TROCA DE HOSPEDEIRO, EXTINÇÃO).

parceira (no exemplo, da espécie hospedeira, representada pelo círculo cinza) especia, o(s) parceiro(s) pode(m) coespeciar (como no caso já descrito – Figura 6A) ou ela pode não ser capaz de "acompanhar" uma das linhagens parceiras descendentes e entrar em *extinção* (Figura 6B, linha cinza inteira e losango).

Duas espécies parasitas de uma mesma linhagem podem estar presentes em uma associação devida à sua *duplicação* em uma linhagem do parceiro (Figura 6B, linhagem pontilhada dos triângulos). Esse evento explica a presença de dois triângulos no hospedeiro círculo preto. Ou, como no caso da linhagem tracejada das espécies representadas como círculos pequenos (Figura 6B), a presença de duas espécies de uma linhagem em uma mesma associação poderia, também, ser resultante de um evento de "troca de hospedeiro" ou *transfe-*

rência horizontal. Nesse caso, uma linhagem do hospedeiro "círculo branco" está associada ao pequeno círculo duplo (com um pequeno círculo preto no interior) em virtude de um evento de transferência horizontal da associação envolvendo o grande círculo preto.

As associações naturais são resultantes da combinação desses eventos ao longo de sua história evolutiva. Todas as associações podem e *devem* ser compreendidas historicamente, mesmo aquelas consideradas de menor intimidade, como competição e predação.

Tentemos reconstruir historicamente as associações envolvidas em nosso exemplo das associações da mitocôndria e do cloroplasto apresentada nos capítulos anteriores (ver Figura 5). As reconstruções históricas (filogenias) ali mostradas têm finalidade tão-só elucidativa e não refletem, necessariamente, as propostas filogenéticas mais aceitas pela ciência atualmente. Entretanto, partes da filogenia dos Eukarya e os eventos de endossimbiose ali ilustrados seguem algumas publicações importantes na área. Mas, para a finalidade à qual se propõe, assumiremos que a história ali apresentada demonstra o que de melhor podemos produzir, com os dados disponíveis no momento, para reconstruir a filogenia dos três táxons envolvidos (Eukarya, cloroplastos e mitocôndria).

Um trabalho de coevolução sempre tem como princípio a pergunta: "quais são os eventos históricos que podem explicar as associações observadas no presente?". Evidentemente, isso só foi possível graças ao desenvolvimento das técnicas modernas de reconstrução filogenética que resultam na produção de hipóteses sobre a evolução e o relacionamento entre espécies de organismos. Hipóteses filogenéticas de espécies parceiras são comparadas entre si para detectar congruências. A congruência entre hipóteses evolutivas de grupos de organismos é evidência de história evolutiva em comum ou coespeciação (ver Figura 6A). Os organismos das

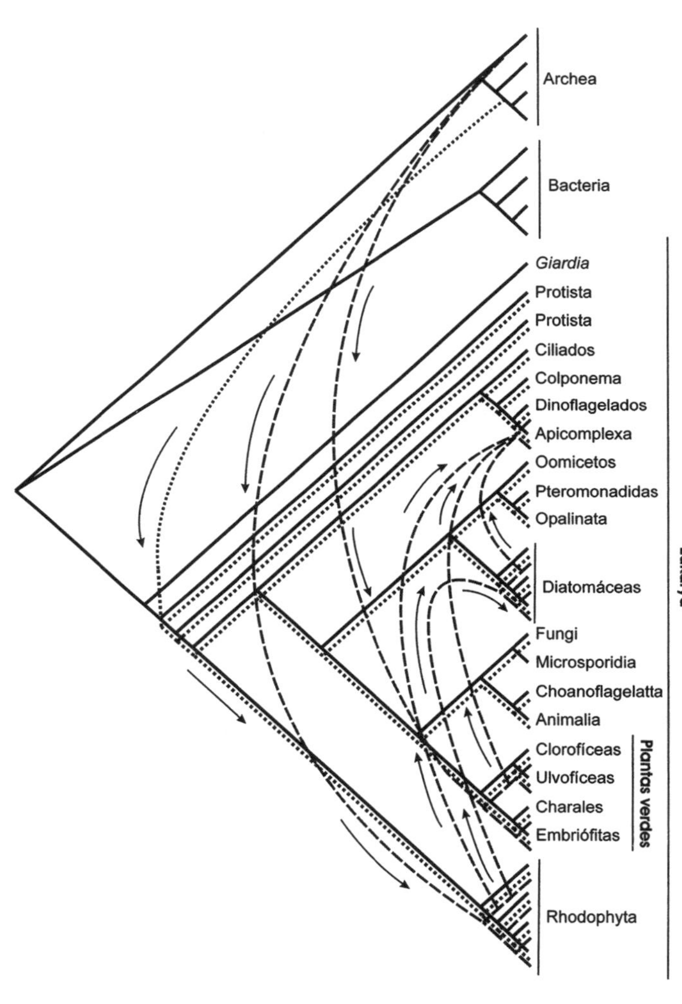

FIGURA 7. ÁRVORE FILOGENÉTICA DA VIDA E AS ASSOCIAÇÕES DE EUCARIONTES COM A HISTÓRIA COEVOLUTIVA COM A MITOCÔNDRIA E O CLOROPLASTO. A FILOGENIA APRESENTADA AQUI É BASEADA EM DIVERSAS FONTES DA LITERATURA, MAS É PROPOSITADAMENTE INCOMPLETA (ALGUNS TÁXONS FORAM OMITIDOS) E TEM APENAS OBJETIVO ELUCIDATIVO.

duas árvores respondem por especiação aos mesmos eventos de isolamento reprodutivo, por exemplo, ou a especiação de uma é influenciada pela especiação da outra. A falta de congruência é evidência de que transferência horizontal, duplicação ou extinção podem estar envolvidas no estabelecimento das associações observadas.

Em nosso exemplo fictício (Figura 7) a associação entre mitocôndria (cladograma pontilhado) e Eukarya (cladograma sólido) apresenta altíssimo grau de congruência. Os eventos de especiação da linhagem de Eukarya (bifurcações do cladograma), que originaram os diferentes grupos taxonômicos, são acompanhados, quase perfeitamente, pelos eventos de especiação das linhagens de mitocôndria. Em consequência, a história dessa associação, Eukarya–mitocôndria, tem grande influência dos eventos de coespeciação. No exemplo, todavia, mitocôndrias estão ausentes de duas linhagens desse grupo eucarionte: das espécies de *Giardia* e de Microsporidia. Assim, baseado nas hipóteses do exemplo, *Giardia* não apresenta mitocôndrias porque a divergência desse gênero de protistas ocorreu antes do estabelecimento da associação com os eucariontes e porque seus ancestrais também não apresentavam.[1] Este é um exemplo de *ausência por primitividade*.

A ausência de mitocôndria em Microsporidia, entretanto, não parece ter a mesma razão. Nessa filogenia, Microsporidia é evolutivamente próximo de Fungi (dos fungos em geral), e este e todos os demais grupos próximos apresentam mitocôndrias em suas células. Nesse caso específico, a ausência se deu por um evento de extinção da linhagem mitocondrial nesse grupo de eucariontes. De fato, sabe-se atualmente que, mesmo não apresentando mitocôndria e, por consequência,

1 Sabe-se, hoje, que isso não é verdade. Espécies de *Giardia*, assim como de Microsporidia, carecem de mitocôndria por perda secundária dessa organela, mas o exemplo "fictício" atende à explicação do texto.

DNA mitocondrial, alguns genes detectados no núcleo das espécies desse grupo são de origem reconhecidamente mitocondrial. A transferência de genes da mitocôndria para o núcleo é um evento bem conhecido em eucariontes e a presença desses genes no núcleo de microsporídeos indica que, de fato, houve a perda da mitocôndria nessa linhagem, ou extinção, utilizando o termo adequado.

Surpreendente é a história coevolutiva dos cloroplastos com os eucariontes! Antes considerados plantas, muitos dos diferentes grupos de organismos eucariontes fotossintetizantes (e mesmo alguns não fotossintetizantes) tiveram origens distintas de seus cloroplastos. A simples análise da reconstrução histórica da Figura 7 deixa claro que coespeciação não explica sozinha as associações observadas entre eucariontes (cladograma em linhas sólidas) e cloroplastos (cladograma em linhas tracejadas). Os eventos ali ilustrados refletem, em parte, as hipóteses de endossimbiose primária, secundária e terciária ilustradas na Figura 5.

Neste exemplo, duas linhagens de cianobactérias associaram-se com duas linhagens de eucariontes: a das plantas verdes e a das algas vermelhas (Rhodophyta). Os demais grupos de organismos fotossintetizantes associaram-se a seus cloroplastos através de eventos de transmissão horizontal, representados por eventos de endossimbiose secundária e terciária. Assim, a associação com algas vermelhas resultou na associação dos cloroplastos observadas nas diatomáceas e em alguns dinoflagelados. A associação com algas verdes unicelulares (clorofíceas) resultou na associação de outros dinoflagelados e cloroplastos. Esses dois exemplos representam também casos de endossimbiose secundária. A transferência horizontal explica, ainda, a presença de cloroplastos em um terceiro grupo de dinoflagelados! Neste grupo, o cloroplasto é resultante de um evento de endossimbiose terciária de uma diatomácea por um dinoflagelado!

Apesar de a transferência horizontal representar um evento bastante comum na história das duas linhagens consideradas (cloroplastos e eucariontes), a proposta da Figura 7 indica que, uma vez estabelecida a associação em alguns grupos, independentemente de sua origem simbiótica, a coespeciação se tornou prevalente. Coespeciação é comum na história compartilhada de cloroplastos com as Rhodophyta, as diatomáceas e as plantas verdes.

O único evento não incluído nesse exemplo é o de duplicação. Duplicação, na realidade, representa especiação de uma linhagem, ao passo que a outra não sofre divergência. A duplicação pode representar ou ser confundida com especiação simpátrica, em especial no caso de parasitos. Parasitos, em geral, apresentam uma taxa de evolução (por exemplo, taxa de mudança evolutiva) geralmente maior do que seus hospedeiros. Essa diferença está associada ao fato de que espécies parasitas apresentam um tempo de geração bem menor do que aquela de sua espécie hospedeira. Assim, a especiação de parasitos pode ocorrer quando populações do hospedeiro permanecerem reprodutivamente isoladas por períodos relativamente pequenos, insuficientes para especiação desse hospedeiro. O produto final é uma aparente especiação simpátrica dos parasitos, uma duplicação da linhagem parasita: uma espécie de hospedeiro contendo duas espécies de parasitos filogeneticamente próximas.

Mais uma vez, vali-me da ferramenta da simplificação. Apenas três linhagens foram envolvidas no primeiro exemplo (Figura 6) e duas linhagens, no segundo (Figura 7). Entretanto, esse tipo de análise pode ser realizado com grande número de linhagens associadas. Evidentemente, quanto maior o número de espécies, mais complexa fica a análise. Imagine se incluirmos na análise da Figura 7 as associações com as linhagens de bactérias parasitas e mutualistas de protistas e outros táxons eucariontes? E se incluirmos as associações existentes entre as linhagens de eucariontes? Terminaríamos com uma malha de linhas entremeadas, como um tapete tecido ao longo do tempo.

■

7 O homem simbiótico

E nesse tapete de associações mencionado nas últimas linhas do Capítulo 6 encontra-se também a linhagem do *Homo sapiens*, o ser humano. A espécie humana apresenta associações com diversas outras linhagens de organismos – de bactérias a outros mamíferos. Como a maioria dos demais eucariontes, o homem herdou as mitocôndrias e, provavelmente, cílios e núcleo (se a hipótese sobre a origem endossimbiótica dessas organelas estiver correta).

Uma "flora" bacteriana de mais de 500-1.000 espécies ocorre em associação com o ser humano. Em geral órgãos internos e tecidos, quando saudáveis, são livres de bactérias e outros organismos, mas tecidos superficiais, como epitélios, mucosa e pele são constantemente colonizados por bactérias e outras espécies de microrganismos, como protistas e fungos.

Mais de 1 trilhão de bactérias e arqueias habitam nossa flora intestinal, totalizando algo em torno de 1,5 kg em um ser humano adulto. Algumas patogênicas (parasitas), outras mutualísticas, cuja proporção influencia diretamente a saúde do hospedeiro. Cerca de 30% da massa fecal são representados por bactérias dos dois tipos e táxons. Bactérias e arqueias mutualísticas beneficiam-se da proteção e da disponibilização de matéria orgânica de nossos intestinos e, em retorno, estão diretamente envolvidas na prevenção de doenças e mesmo em nossa nutrição. Bactérias "benéficas" produzem ácidos orgânicos, que dificultam a proliferação de espécies prejudiciais, e nutrientes essenciais, como vitaminas e ácidos graxos, absorvidos pelo epitélio intestinal.

Algumas espécies de bactérias intestinais parecem influenciar o desenvolvimento pós-natal do trato digestivo. Em ratos cuja flora intestinal inexiste (pois foram mantidos em ambientes livres de microrganismos desde o nascimento), a malha de capilares é bastante simplificada quando comparada a outros animais da mesma idade não manipulados. A introdução de bactérias no intestino desses animais (originalmente sem flora intestinal) leva à imediata modificação da rede de capilares que, ao fim de dez dias, assume a complexidade normal da espécie.

A espécie humana é hospedeira, ainda, de mais de 340 espécies de helmintos e setenta espécies de protistas parasitos de diferentes grupos. Muitas dessas espécies são amplamente distribuídas nas populações humanas do planeta, com frequência responsáveis por altas taxas de mortalidade. A malária, por exemplo, transmitida por um protista (*Plasmodium* spp.), parasita algo entre 300-500 milhões de pessoas em todo mundo, com uma taxa e mortalidade anual de aproximadamente 1,5-2,7 milhões de pessoas.

Artrópodes parasitos formam outro grupo bem conhecido de parasitos humanos, no qual estão incluídos as pulgas (como bicho-do-pé), os carrapatos, os piolhos e os ácaros (por exemplo, a sarna). Os ácaros habitam nosso corpo ou convivem em nossos ambientes, muitas vezes alimentando-se das células epiteliais que são constantemente perdidas de nossa epiderme.

Muitas dessas espécies são classificadas como parasitas e, portanto, associa-se sua presença a doenças e danos causados ao corpo do hospedeiro. Entretanto, apesar de não estar de todo errada, essa conclusão também não é completamente correta. Parasitos influenciaram e influenciam a evolução e a fisiologia dos seres humanos e, por certo, de outras linhagens de vertebrados e invertebrados.

Sabe-se atualmente, por exemplo, que nossa repugnância por parasitos e a insistência em eliminá-los de nosso corpo pode ter consequências inesperadas à nossa saúde. Durante muitos anos, pesquisadores e médicos têm observado aumento na prevalência de diversos tipos de alergias, em particular em pessoas de países industrializados. Leitores mais velhos talvez se recordem, como eu, de que durante nossos anos de banco escolar não eram muitos os colegas alérgicos. Hoje, como professor, constato que a maioria de meus alunos apresenta algum tipo de reação alérgica.

A origem desse aumento de pessoas alérgicas, ou de aumento de reações imunopatológicas, parece estar relacionada com o desenvolvimento de métodos de controle e tratamento de enfermidades infecciosas e parasitárias, incluindo vacinas, higiene pessoal e antibióticos. Uma síntese dos estudos realizados até o momento sobre o assunto sustenta essa conclusão. Crianças de países industrializados apresentam maior prevalência de alergias do que aquelas de países em desenvolvimento, onde os programas sanitários e de saúde são menos eficientes e mesmo inexistentes. Nessa análise, os pesquisadores concluíram que a parasitose por helmintos estimula de modo contínuo o sistema de regulação da resposta imunológica, mediante a sua exposição a diferentes tipos de antígenos produzidos pelos parasitos. Dessa forma, o sistema regulador "aprende" e impede o estabelecimento de imunopatologias características da alergia. Essa relação entre parasitos e sistema imune do hospedeiro é certamente o resultado de uma longa história coadaptativa!

Se espécies de simbiontes influenciaram nossa evolução, nossa linhagem também influenciou as mudanças evolutivas de nossos associados. O exemplo a seguir é o resultado de uma coletânea de hipóteses que relacionam a coevolução da linhagem humana com seus parceiros. Trata-se, assim, apenas de um cenário possível de influência evolutiva recíproca (lembre-se da conversa sobre ciência no Capítulo 1). Evidentemente, há muitos, muitos outros.

A evolução da espécie humana envolve diversas fases, entre as quais uma época em que éramos caçadores e nômades. A associação com cães, provavelmente algo mais semelhante a lobos, parece ter-se estabelecido nesse período, com o compartilhamento da atividade da caça e, por conseguinte, da presa. Ambos os parceiros parecem ter-se beneficiado com a associação, somando suas habilidades nessa tarefa que exigia, entre outras coisas, rapidez e agilidade do cão e de nosso ancestral.

Em uma segunda etapa, nossos ancestrais se tornaram agricultores e pastores. Alguns autores sugerem que a domesticação de plantas e animais que permitiu essa mudança na característica de nossos ancestrais reflete, na realidade, uma associação mutualística, com influência recíproca entre os parceiros. O homem influenciou direta e indiretamente a evolução das espécies usadas na agricultura e na pecuária, ao passo que essas influenciaram a evolução do ser humano em diversos aspectos.

O ancestral humano agricultor/pastor deixou de ser nômade e passou a viver em comunidades fixas, pois não havia mais a necessidade de buscar áreas onde a caça fosse mais abundante. Habitar um mesmo lugar, por um longo período de tempo, favoreceu, de acordo com alguns autores, a proliferação de parasitos, em especial de ectoparasitos. Esse cenário foi utilizado por alguns cientistas para construir uma hipótese que explicaria as forças seletivas que nos levaram a perder a maior parte dos pêlos que recobria o corpo de nossos ancestrais. Aparentemente, a falta de pêlo representa algumas desvantagens, como a perda rápida de calor (menor isolamento térmico) e a exposição direta aos raios solares. Nessa hipótese, a ausência de pêlo no corpo seria uma característica favorecida, pois esses indivíduos estariam menos sujeitos à infestação por ectoparasitos. O resultado de um longo processo de seleção seria, como muitos se autodenominam, macacos nus, primatas sem a cobertura de pêlo tão comum em outros mamíferos.

Mutualismos podem ter, assim como em diversos exemplos discutidos nos capítulos anteriores, reduzido a pressão seletiva sobre algumas características de nossos ancestrais, modificando o destino de nossa linhagem. Apesar de bastante controversas, há hipóteses que tentam vincular a origem da fala em humanos com nossa longa associação com cães. Na realidade, existem pelo menos duas hipóteses semelhantes que adotam o mesmo argumento de liberação de pressão seletiva. Ambas associam a possibilidade de mudança da estrutura do crânio da linhagem humana com a transferência de funções importantes para sua sobrevivência como espécie para outra espécie, o cão. Enquanto o cão se beneficiaria do compartilhamento e de refugos das atividades de obtenção de alimentos dos humanos, os seres humanos se beneficiariam, entre outras coisas, da proteção e da habilidade olfativa dos cães.

No primeiro caso, pesquisadores sugerem que a estrutura mandibular das espécies da linhagem humana não ficaria limitada à necessidade de "morder" para nossa proteção. No segundo, a habilidade olfativa do cão permitiria que a estrutura facial do ser humano não ficasse limitada pela necessidade de olfato aguçado. Nos dois casos, as "portas" evolutivas para a mudança de uma estrutura facial e cranial compatível para a evolução de uma linguagem complexa seriam abertas. Nesses casos, a associação com cães seria praticamente obrigatória a nossos ancestrais. A drástica mudança na forma pela qual vivemos e o avanço na tecnologia tornaram essa uma associação basicamente afetiva, não mais de sobrevivência. Por certo, amantes de cães vão adorar essa argumentação, mas não apenas cães estão envolvidos na modulação da evolução humana, como já sugerimos.

Talvez sejamos, atualmente, uma das linhagens com mais interação com as demais e que mais impõe mudanças nas associações existentes, sobretudo graças à tecnologia. A espécie humana atua como predadora, competidora, comensal, mutualista, amensal e mesmo como parasita, conforme alguns, de espécies de outras linhagens e mesmo de toda a biota. Associações são iniciadas diariamente em virtude do desenvolvimento de tecnologia de domesticação de espécies, manipulação genética, alterações ambientais e diversas outras atividades humanas.

A dinâmica globalizada do ser humano, com métodos de transporte de pessoas e o comércio internacional de mercadorias, tem favorecido o aparecimento e o estabelecimento de numerosas novas associações, inexistentes até pouco tempo atrás. Espécies de distintos grupos de organismos são transportadas de uma a outra parte do globo por aviões e navios, escondidas na carga ou em água de lastro.

Algumas dessas espécies invasoras, ao chegar em ambientes distantes de sua origem, são expostas a uma nova comunidade, com espécies que compartilham uma antiga história coevolutiva e se veem na presença desse novo parceiro. A preocupação com essas espécies é, hoje, mundial. No Brasil, herdamos diversas espécies invasoras, muitas associadas ao transporte de água de lastro de um canto a outro do globo. Assim foi introduzido o mexilhão dourado (*Limnoperna fortunei*), um molusco asiático que colonizou com sucesso os rios da bacia do Paraná e a lagoa dos Patos. Presente na América do Sul desde pelo menos 1991, essa espécie vem alterando a dinâmica das associações de comunidades aquáticas dessas bacias. Elas competem por espaço e alimento, servem de substrato como hospedeiras e de alimento para espécies nativas. Os reflexos dessa colonização já são sentidos sobretudo na alteração da estrutura das comunidades locais de peixes.

O ser humano também é impactado por esse tráfego de pessoas e mercadorias. O vírus HIV, o vírus da SARS e o vírus Ebola, entre outros, são exemplos de novas enfermidades causadas por agentes patogênicos não historicamente associados à espécie humana. Essas novas associações, como em alguns dos casos descritos nos capítulos anteriores, apresentam elevada patogenicidade, provocando altos índices de mortandade, em especial porque representam associações novas, em processo inicial de estabelecimento.

Em 1974, dois pesquisadores, James Lovelock e Lynn Margulis, propuseram uma hipótese que eleva a importância do relacionamento entre espécies ao nível planetário. Ao estudar as atmosferas de diversos planetas do sistema solar, utilizando técnicas que permitem a determinação de sua composição a distância, esses autores detectaram diferenças significativas destas em relação à atmosfera terrestre. Em nosso planeta, gases altamente reativos existem em concentrações muito superiores do que nas demais atmosferas analisadas. Oxigênio, metano e dióxido de carbono, por exemplo, não estão presentes em grandes concentrações em planetas onde a vida inexiste. Lovelock e Margulis buscaram explicações para essas diferenças e, dessa associação, produziram a hipótese de Gaia. Tal hipótese propõe que a evolução e a manutenção da vida na Terra são determinadas pela interação entre os organismos que aqui habitam e o meio ambiente.

As condições de atmosfera, solo e composição dos ambientes aquáticos não são determinadas exclusivamente pela porção não viva do planeta, mas pelas atividades dos organismos sobre sua superfície. A Terra, ao contrário do que alguns ainda acreditam, não é apenas um pedaço de rocha onde a vida foi capaz de multiplicar. As condições terrestres refletem toda sua história de interações entre ambiente e os organismos que aqui vivem e dos organismos entre si. Foi a atividade biológica de síntese de moléculas orgânicas através da energia luminosa que levou nosso planeta a ter esta alta concentração de oxigênio atmosférico e aquáticos que, por sua vez, permitiu que organismos aeróbicos se espalhassem na sua superfície. Um elefante na África pode estar utilizando o oxigênio produzido por algas nos mares do Ártico. O dióxido de carbono eliminado através da respiração de uma planária no Brasil pode vir a ser incorporado em uma molécula de glicose por uma planta na China.

O planeta está vivo, sob diversos aspectos, e ignorar este fato é perder a oportunidade de compreender a evolução integrada que ocorreu e que permitiu o estabelecimento desta biosfera única do sistema solar e, provavelmente, de todo o universo. Lovelock e Margulis sugerem que Gaia (a Terra) se autorregula através de um processo análogo à fisiologia de organimos vivos, algo que eles denominam de geofisiologia.

Assim, o homem é mesmo um ser basicamente simbiótico, que tem a capacidade de induzir mudanças em associações e relacionamentos e a capacidade cada vez maior de manipular sistemas terrestres. Entretanto, apesar do que doutrinas culturais e religiosas nos ensinam, é apenas mais uma linha no tapete de relacionamentos que atua na manutenção das condições terrestres, em sua homeostasia. Gaia não existe para o usufruto do ser humano. O homem é apenas parte de Gaia e deve compreender isto antes que seja responsável pelo desequilíbrio, mesmo que temporário, da homeostasia planetária, o que poderia ter consequências drásticas para sua própria existência.

■

GLOSSÁRIO

Aleopatia – processo químico que uma planta usa para impedir que outras plantas cresçam perto dela.

Anagênese – mudanças evolutivas que ocorrem em uma linhagem evolutiva sem que haja especiação.

Convergente – denomina-se evolução convergente quando linhagens filogeneticamente distantes de organismos desenvolvem as mesmas estruturas ou habilidades.

Entorno – ambiente biótico e abiótico no qual determinado organismo se encontra.

Epibiontes – termo utilizado para organismos que vivem sobre outros sem causar danos aparentes, como orquídeas e cracas.

Especiação – evento evolutivo que origina novas espécies.

Especiação aditiva – especiação que produz duas ou mais espécies a partir de uma espécie ancestral.

Especiação redutiva – especiação que produz uma espécie a partir de duas espécies ancestrais. Ex: duas espécies que se hibridizam, originando uma terceira.

Genoma – 1. O conjunto de genes de um indivíduo. 2. O conjunto de genes compartilhado por membros de uma unidade reprodutiva, tal como uma população ou espécie.

Gimnosperma – plantas vasculares que produzem sementes.

Hospedeiro definitivo – hospedeiro que alberga indivíduos adultos (sexualmente maturos) de um determinado parasito.

Hospedeiro intermediário – hospedeiro que alberga indivíduos jovens ou estágios larvais de determinado parasito.

Monocotiledônea – grupo de plantas que produzem flores. Monocotiledôneas são diferenciadas pelo número de cotilédones (apenas um), ou folhas embrionárias, dentro das sementes.

Neodermata – grupo de espécies parasitas de Plathelminthes que inclui os Trematoda, Monogenoidea e Cestoda.

Neotropical – região biogeográfica que inclui América do Sul, América Central, México e Caribe.

Ocelos – olhos simples. Geralmente capazes de detectar apenas a presença e a direção da luz.

Ovipositor – órgão usado por alguns dos artrópodes para depositar seus ovos.

Plâncton – comunidade de espécies que habitam a coluna de água dos oceanos e corpos de água doce e que apresentam capacidade limitada de natação.

Pré-adaptação – descreve uma situação na qual um organismo usa uma característica anatômica, fisiológica ou mesmo genética, herdada de seus ancestrais, com objetivo distinto daquele de seus ancestrais.

Pteridófitas – grupo de plantas com raiz, caule e folhas e que não se reproduzem por sementes; também denominadas criptogâmicas vasculares.

Simpátrica – populações ou espécies que habitam uma mesma região geográfica.

Sincicial – refere-se a um sincício.

Sincício – tecido multinucleado, cujos limites entre células não é observável.

Tetrápodes – animais vertebrados que apresentam quatro membros.

Translocação – transporte seguido de introdução de espécies de um local para outro.

Tróficas – referentes à alimentação.

Ungulados – animais com casco. Grupo de mamíferos com diversas ordens. Por exemplo: porco, boi, carneiro.

■

SUGESTÕES DE LEITURA

BROOKS, Daniel R.; MCLENNAN, Deborah A.; 1993. *Parascript, Parasites and the Language of Evolution*. Washington and London, Smithsonian Institution Press, 427 pp.

DOUGLAS J. FUTUYMA, 1992. *Biologia Evolutiva*. Ribeirão Preto, Sociedade Brasileira de Genética, 646 pp.

LOVELOCK, J., 2000. *Gaia The Practical Science of Planetary Medicine*. New York, Oxford University Press, p.6-192.

PARACER, S. & AHMADJIAN, V. 2000. *Symbiosis An Introduction to Biological Associations*. New York, Oxford University Press, p.3-291.

MARGULIS, L. 1998. *Symbiotic Planet. A New Look at Evolution*. Massachusetts, Sciencewriters, p.1-147.

MARGULIS, L. & SAGAN, D. 2000. *What is Life?*. Berkeley and Los Angeles, University of California Press, p.1-288.

■

QUESTÕES PARA REFLEXÃO E DEBATE

Fazendo analogia

1. Que tipo de associações você poderia detectar entre as profissões de nossa sociedade?

2. Construa uma rede de relacionamentos/associações entre as diferentes profissões listadas na pergunta 1.

3. Analise as consequências da eliminação de algumas profissões da rede construída acima.

4. Defina, com estes resultados, qual é o grau de interdependência entre estas profissões.

5. Quais seriam as influências diretas e indiretas possíveis de se prever entre profissões ligadas diretamente e aquelas ligadas indiretamente (distantes)?

6. Como tudo isso se relaciona com o que foi apresentado e discutido neste livro?

Observando

1. No parque, na praia, no mato ou no quintal de sua casa, procure detectar associações entre espécies. Faça anotações e observações que permitiram evidenciá-las.

2. Com base nessas observações e no que você já conhece, que influências pode a porção viva ter sobre o solo e a atmosfera, e vice-versa?

3. Descreva cada associação observada. É possível identificá-las claramente nas classificação de associações apresentadas no Capítulo 3?

■

CONHEÇA OUTROS LANÇAMENTOS DA COLEÇÃO PARADIDÁTICOS UNESP

SÉRIE NOVAS TECNOLOGIAS

Da Internet ao Grid: a globalização do processamento
Sérgio F. Novaes e Eduardo de M. Gregores
Energia nuclear: com fissões e com fusões
Diógenes Galetti e Celso L. Lima
Novas janelas para o universo
Maria Cristina Batoni Abdalla e Thyrso Villela Neto

SÉRIE PODER

A nova des-ordem mundial
Rogério Haesbaert e Carlos Walter Porto-Gonçalves
Diversidade étnica, conflitos regionais e direitos humanos
Tullo Vigevani e Marcelo Fernandes de Oliveira
Movimentos sociais urbanos
Regina Bega dos Santos
A luta pela terra: experiência e memória
Maria Aparecida de Moraes Silva

SÉRIE CULTURA

Cultura letrada: literatura e leitura
Márcia Abreu
A persistência dos deuses: religião, cultura e natureza
Eduardo Rodrigues da Cruz
Indústria cultural
Marco Antônio Guerra e Paula de Vicenzo Fidelis Belfort Mattos
Culturas juvenis: múltiplos olhares
Afrânio Mendes Catani e Renato de Sousa Porto Gilioli

SÉRIE LINGUAGENS E REPRESENTAÇÕES

O verbal e o não verbal
Vera Teixeira de Aguiar
Imprensa escrita e telejornal
Juvenal Zanchetta Júnior

SÉRIE EDUCAÇÃO

Políticas públicas em educação
João Cardoso Palma Filho, Maria Leila Alves e Marília Claret Geraes Duran
Educação e tecnologias
Vani Moreira Kenski
Educação e letramento
Maria do Rosário Longo Mortatti
Educação ambiental
João Luiz Pegoraro e Marcos Sorrentino

SÉRIE EVOLUÇÃO

Evolução: o sentido da biologia
Diogo Meyer e Charbel Niño El-Hani
Sementes: da seleção natural às modificações genéticas por intervenção humana
Denise Maria Trombert de Oliveira
O relacionamento entre as espécies e a evolução orgânica
Walter A. Boeger
Bioquímica do corpo humano: para compreender a linguagem molecular da saúde e da doença
Fernando Fortes de Valencia
Avanços da biologia celular e molecular
André Luís Laforga Vanzela

SÉRIE SOCIEDADE, ESPAÇO E TEMPO

Trabalho compulsório e trabalho livre na história do Brasil
Ida Lewkowicz, Horacio Gutiérrez e Manolo Florentino
Imprensa e cidade
Ana Luiza Martins e Tania Regina de Luca
Redes e cidades
Eliseu Savério Sposito
Planejamento urbano e ativismos sociais
Marcelo Lopes de Souza e Glauco Bruce Rodrigues

SOBRE O LIVRO

Formato: 12 x 21 cm
Mancha: 20,5 x 38,5 paicas
Tipologia: Fairfield LH 11/14
Papel: Offset 75 g/m² (miolo)
Cartão Supremo 250 g/m² (capa)
1ª edição: 2009
1ª reimpressão: 2023

EQUIPE DE REALIZAÇÃO

Edição de Texto
Nair Kayo (Preparação de original)
Juliana Rodrigues de Queiroz e Maria Silvia Mourão Netto (Revisão)

Editoração Eletrônica
Estúdio Bogari (Diagramação)

Impressão e Acabamento
assahi
gráfica e editora ltda.